环保进行时丛书

美丽的地球家园

MEILI DE DIQIU JIAYUAN

主编：张海君

U0350604

花山文艺出版社

河北·石家庄

图书在版编目（CIP）数据

美丽的地球家园 / 张海君主编. —石家庄 ： 花山
文艺出版社，2013.4（2022.3重印）
（环保进行时丛书）
ISBN 978-7-5511-0936-9

Ⅰ.①美… Ⅱ.①张… Ⅲ.①环境保护－青年读物②
环境保护－少年读物 Ⅳ.①X-49

中国版本图书馆CIP数据核字（2013）第081363号

丛 书 名：环保进行时丛书
书 名：美丽的地球家园
主 编：张海君

责任编辑：梁东方
封面设计：慧敏书装
美术编辑：胡彤亮
出版发行：花山文艺出版社（邮政编码：050061）
（河北省石家庄市友谊北大街 330号）

销售热线：0311-88643221
传 真：0311-88643234
印 刷：北京一鑫印务有限责任公司
经 销：新华书店
开 本：880×1230 1/16
印 张：10
字 数：160千字
版 次：2013年5月第1版
2022年3月第2次印刷
书 号：ISBN 978-7-5511-0936-9
定 价：38.00元

目 录

第一章 关注身边的碳排放，打造低碳生活

第二章 拒绝高碳习惯，让你的生活更绿色

目

录

第六章　地球要降温，我们要低碳

目

录

第一章

关注身边的碳排放，
打造低碳生活

一、什么是低碳生活

低碳生活的观点认为，由于人类的活动使得大气中的温室气体（主要是二氧化碳）的含量升高了，影响了人的生存和发展，于是提倡要尽力减少人在生活中所耗用的能量，从而减低温室气体的排放。

低碳是相对于高碳而言。所谓高碳生活是以能源高消耗为代价，造成二氧化碳等温室气体超量排放。世界气象组织在《2008年温室气体公报》中宣布，该年度大气中的大多数温室气体浓度继续增加，可在大气中长期留存的温室气体——二氧化碳、甲烷和氧化亚氮的浓度创下工业革命以来的新纪录。公报的数据显示，2008年二氧化碳在地球大气中的浓度为385.2ppm(1ppm为百万分之一)，与2007年相比增加了2.0ppm，呈持续增长之势。工业革命之前，二氧化碳在大气中的浓度大约为280ppm，几乎固定不变。

气象科学家认为，温室气体的大量排放引起全球升温，导致气候失常。近年来频频出现的雪灾、干旱、酷暑、飓风等灾害性天气与温室气体的大量排放直接相关。更为严峻的是，随着气候变暖，传染病疫情频繁出现；臭氧层破坏使紫外线强度增加，人类的皮肤癌等顽疾发病率提高。

根据科学家的测算，如果按照当前的温室气体排放速度，在20年内我们就会达到升温2℃这一地球生态警戒线。气温上升2℃，地球上将出现大面积的农业减产、水资源枯竭、疾病丛生、海平面上升等恶果。

气温升2℃，格陵兰岛的冰盖将彻底融化，从而使得全球海洋的水平面上升7米，1/3的动植物种群因为天气变化而灭绝，1亿人处于缺水中，同时世界上绝大多数的珊瑚将会消失。

气温升3℃，气候彻底失控。气温上升3℃是地球的一个重大"拐点"，因为地球气温一旦上升3℃，就意味着全球变暖的趋势将彻底失

美
丽
的
地
球
家
园

控，人类再也无力介入地球气温的变化。海洋大循环将会停止，地球气候就会变得很不稳定，某些地区也有可能变得骤冷骤热。

毋庸置疑，高碳的生活方式已经直接危害到人类自身的生存！唯一的拯救方法就是减少"碳足迹"，变高碳生活为低碳生活，将人类的生存环境从险境中解救出来。

也有一部分科学家认为，在地球漫长的地质历史中，地球上的气候和环境本身就存在周期性的变化。过去的研究发现，太阳活动的规律性变化导致了历史上的4次冰期，每一次冰期的过渡期都存在升温现象。这些科学家认为，有研究证据表明，造成地球温度上升的因素很多，包括太阳的活动甚至宇宙射线的变化等。如果追溯有100万年气候变化的历史进程就会发现，温和、适度的全球变暖只是1500年气候周期中自然变化的一部分。

但是，即使他们认为气候变暖更多的是由于地球自身的规律而非人类所造成，所有的科学家都毫无例外地赞成人类现在为保护自身栖息的家园而作出的努力，赞成人类应当保持良好的有利于保护环境的绿色生活方式，也就是过低碳生活。

二、测测你的碳足迹

碳足迹来源于一个英语单词(carbon footprint)，它标示一个人或者团体的碳耗用量。碳，就是石油、煤炭、木材等由碳元素构成的自然资源。碳耗用得多，导致地球暖化的元凶二氧化碳也制造得多，碳足迹就大，反之碳足迹就小。

总的来说，碳足迹就是指一个人使用能源的意识和行为对自然界产生的影响。

如何计算碳足迹？每个人都有自己的碳足迹．它指每个人的温室气体排放量，它以二氧化碳为标准计算。这个概念以形象的"足迹"为比喻，说明了我们每个人都在天空不断增多的温室气体中留下了自己的痕迹。一个人的碳足迹可以分为第一碳足迹和第二碳足迹。第一碳足迹是因使用化石能源而直接排放的二氧化碳。比如一个经常坐飞机出行的人会有较多的第一碳足迹，因为飞机飞行会消耗大量燃油，排出大量二氧化碳。第二碳足迹是因使用各种产品而间接排放的二氧化碳。比如消费一瓶普通的瓶装水，会因为生产和运输瓶装水的过程中产生的排放而带来第二碳足迹。

由此可见，碳足迹涉及许多因素。不过，计算碳足迹并不难，许多网站提供了专门的"碳足迹计算器"，只要输入相关情况，就可以计算你某种活动的碳足迹，也可以计算你全年的碳足迹总量。碳足迹越大，说明你对全球变暖所要负的责任就越大。

按照1棵树龄30的冷杉能吸收111千克二氧化碳来计算，需要种几棵树来补偿你的碳足迹呢？例如：如果你

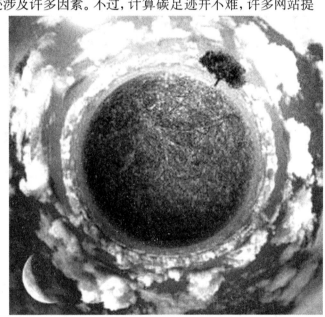

低碳生活宣传画

乘飞机旅行2000千米，那么你就排放了278千克的二氧化碳，为此你需要植3棵树来抵消；如果你用了100度电，那么你就排放了78.5千克二氧化碳，为此你需要植1棵树……如果不以种树补偿，则可以根据国际一般碳汇价格水平，每排放1吨二氧化碳大约补偿10美元，将这部分钱专门用来植树
造林。

每个人的生活方式都会直接影响到地球生存。用水、用纸、用电，假期、交通方式、垃圾处理、食物……这些点点滴滴都与碳排放相关。

你可以在网上搜索碳足迹计算器，输入数据便可测出自己具体的碳排放量。

低碳生活，从我做起

三、让人类与自然更和谐

人的行动离不开思想的指导。思想观念的创新是新行动的开始。自从人类诞生以来，如何对待环境，如何与环境相处，一直是深刻的思想观念问题。

人类曾经敬畏自然，电闪雷鸣让人们顶礼膜拜。

工业革命开启了人类全面征服自然的大门。从此，自然界成为取之不尽的材料库，地球空间成为硕大无比的垃圾桶。炼钢吨位和铁路里程在不断增加，环境危机危害人类生存的程度相应地也在不断加深。

如何处理人与自然的关系，有几种不同的思想观念。

征服自然的观念。这种观念认为，随着科学技术的进步，人类对自然的征服能力必将达到无所不及的程度。人类最终一定能摆脱自然界的束缚，用技术、智慧代替生物圈，甚至创造生物圈。人工构筑物可以独立于自然环境之外，人类会靠自身的力量，在各种环境下生存并得以发展。

倒退原始的观念。这种观念认为，今天人类活动给自然界造成的破坏已经超出了自然界的自我调节及所能承受的限度。生物圈中的物理、化学、生物学的参数变得不利于人类的生存和发展。这种观念主张退向自然，"采菊东篱下，悠然见南山"。

绝对平等的观念。这种观念认为，在人与环境的关系上，要抛弃以人为中心的价值观念，主张所有自然体的价值应该和人类同等重要，各有尊严，即人类与自然有同等的价值和权利。

环境和合的观念。这种观念认为，人类生存离不开自然的环境，同时，自然法则是不依人的意志为转移的。人不仅是生物的人，而且还是文化的人。人不仅能改变自己的生理性状，消极地适应环境，还要主动改善生态环境，可持续地发展自己。

有相当一部分人认同环境和合的观念。

一般认为，环境和合的过程是环境调和环境利用—环境保护的过程。人类既不要征服自然，也不要屈服于自然。人与自然之间要把握一种动态的平衡，有一个"度"。人对自然的态度不是巧取豪夺，而是要利用其自然规律，适度地发展自己。

因为，那种征服大自然的思想是危险的。我们不能忘记，人是一种动物，生于大自然，成长于大自然。人类的每一个行为无不受大自然的规律所左右，自然环境永远是人类生存和发展的基础。

又因为，人类的进化、社会的进步是一个不可逆转的历史进程。一切消极地顺从自然的观点，都是违背历史发展规律的。同样，强调人与自然的绝对平等也是不可行的。人应该是主体，应在此基础上寻求一条使人类自身的价值和自然的价值相一致的道路。

人对环境的和谐需求决定了人的环境价值观念的形成。价值观是后天逐渐形成的，价值观是人对于实现需求所要发生的费用和代价的评估取向，观念的改变影响到需求定位的改变。

当今，人类要解决气候变化、资源不足及城市环境问题，就必须在环境价值观念方面进行一次认真的梳理甚至反思，从中找出有益于人类可持续发展的新的环境价值观念，并付诸行动。

在漫长的历史长河中，人类的环境观念不同，导致地球的颜色及人类与环境的关系有很大的不同。

美丽的地球家园

万年以前，人类处于原始文明阶段。人类生存完全依赖于自然力，适者生存。饥饿、疾病、猛兽是限制人类文明发展的主要因素。当时，供养一个人平均需要约2平方千米的土地。在很大程度上，人类依赖于环境资源的恩赐，而其本身对环境的作用微乎其微。

原始文明社会，地球是自然植物的"绿色"。人与自然处于低级和谐状态。

几千年来，农业革命逐步建立了丰衣足食的农业文明社会。生产力水平较原始社会有了很大的提高。

原始文明社会

农业文明社会早期，人类在生产中无法抵御各种自然灾害，生活上也无法防止疾病和祸害。迫于自然界的强大压力，人类只能顺应自然。

后来，人类创造了灿烂的古代文化，推动了古代科学技术的进步，促进了社会生产力的发展。慢慢地，人类已经能够利用自身的力量去影响和改变部分生存环境。建屋造田、纺纱织布、饲养家畜、以马代步，荒芜之地渐渐变成了繁荣市井。

在这个过程中，由于人类对自然规律的认知有限，不可避免地产生了一些环境问题。砍伐森林、破坏草原、无度开荒，引起水土流失、水旱灾害频繁；盲目兴修水利、不合理灌溉，引起土壤盐渍化及某些传染病的流行。

例如，中华民族的发祥地黄河流域，早期是水源丰富、植被茂盛之地。由于后来的大规模毁林垦荒，水土流失严重，加上气候变迁，今天的黄土高原已很难再恢复到昔日的环境。

所幸当时地球上的原始资源丰富，生态的自我调节能力较强。人类的生产活动虽在局部地域造成自然破坏，但总体上并未构成生态环境危机。同样，在古代城市，由于手工业作坊规模小，也没有什么能源问题和环境问题。

在农业文明阶段，环境与人类的和谐关系往往依靠人口的变化来调节。局部生态破坏、自然灾害造成粮食减产，导致大饥荒、社会动荡、人口急剧下降，当人口数量跌入低谷后，人类对环境的破坏程度降低，生态开始恢复活力，农业生产开始增产。

农业文明社会的地球是农作物的"黄色"。人与自然处于比较和谐状态。

19世纪以来，工业革命实现了高度物质享受的工业文明社会。

在工业革命前，人类几乎把生产力的全部投入到粮食生产中，以维持自身的生存。在工业革命后，化石能源取代了畜力，社会化大生产替代了手工生产，人类无须花费过多的力量就能获取食物，过丰衣足食的生活。

此后，化石能源成为工业和交通的命脉。烟囱林立、机器轰鸣成为现代化的象征。人类以特有的暴发户心理，极力改变自然环境的组成和结构，严重扰乱了生态系统的自然平衡。现代的环境问题出现了。

在一些城市，震惊世界的公害事件接连不断。工业革命的发源地英国，成了环境污染最严重的国家。严重的污染事件引起民众的恐惧和愤怒，引发了西方的环境运动。

后来，全球性的大气污染、温室效应、臭氧层破坏和酸雨，大面积森林被毁、草场退化、土壤侵蚀和沙漠化，以及苏联切尔诺贝利核电站的泄漏事故等，把地球局部的环境问题扩展到全球性的环境危机，威胁人类的生存与发展。

21世纪初，人们又发现地球上的气候发生了变化。这一发现证实，人类赖以生存的地球本身出现了问题。于是，气候变化、冰川融化、海面上升、天气异常等闻所未闻的时髦词汇铺天盖地，正在改写世界大词典的编撰进程。

美丽的地球家园

这都是工业革命的后遗症。

农业革命是人类获取生活资料方式的变革，它在生产和消费过程中所排放的废弃物可以纳入生态系统的循环。这些废弃物可以被净化，进而重复利用，达到新的生态平衡，对生态环境没有大的危害。

工业革命是把深埋地下的矿产资源开采出来，加以利用。矿产资源的一部分作为无用的"垃圾"进入地球的生态系统。这些"垃圾"对生态系统来讲是陌生的、不能分解的。由此，现存的生态系统的平衡被打破，产生了生态环境问题。

也就是说，工业文明是建立在对自然的粗放性、功利性、掠夺性和征服性利用的基础上，人们没有认识到人类与环境之间存在着和谐发展的客观规律。加上人口增长过快，给资源、能源和环境造成了严重压力。

同时，工业革命创造了人类新的生活方式和消费模式。人类不断追求更为丰富的物质享受，过分依赖资源的大量消耗，导致生态环境日益恶化。人与自然的关系变得很不和谐。

工业文明社会，地球的局部是石油和矿产的"黑色"，人与自然处于不和谐状态。

近年来，继农业革命、工业革命之后，人类发展史上又一次发生了社会模式的重大变革。通过人类低碳的生产、生活方式的变革，逐步实现人类的高级文明阶段——生态文明社会。

生态文明社会，地球将再次返

工业文明的象征——火车

回"绿色"，人与自然将处于高级的和谐状态。

四、你知道食物由生产到出售的碳排放吗?

1．生产食物的碳排放

目前城市居民食用的食物通常是在农场或养殖场中集中培育的，动植物的生长和发育需要适度的温度和光照，因此农场或养殖场必须使用燃料或电力来维持其运行。例如，英国每年维持农场运行需排放550万吨以上的二氧化碳。

肥料的生产与运输、植物耕作、动物自身排放、饲料被动物食用等都会释放不同数量的二氧化碳。例如，每千克肥料对应6.7千克二氧化碳排放，这其中包括了肥料生产和肥料运输的碳排放。

食物种类不同，生产它们产生的碳排放量也不同。饲养的动物经常食用植物，由于植物养料转化为动物身体组织过程中有能量的损失，因此生产动物食品往往比生产植物食品消耗更多的能量，排放更多的二氧化碳。例如，生产1千克猪肉要排放1.4千克二氧化碳，而生产1千克水果或蔬菜排放的二氧化碳量仅为0.7千克左右。

2．运输食物的碳排放

居民食用的食物中，很大部分并不是来自于本地，而是通过不同的方式从外地运输来的。运输方式因使用火车、汽车、飞机等的不同而产生不同的二氧化碳排放量，相同里程的飞机运输所排放的二氧化碳是汽车运输

运输中产生碳排放——汽车尾气

美丽的地球家园

的3倍左右，因此，从国外或地区外空运食品将会排放更多的二氧化碳。

3. 包装和储存食物的碳排放

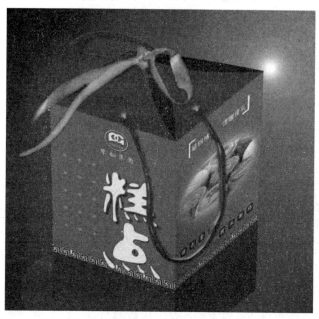

越来越精美的食品包装

在超市中购买的食品绝大多数都有外包装，包装材料包括塑料、纸、铝制品等。在这些包装材料中，铝制材料是生产过程中排放二氧化碳最多的，每生产1千克铝材料需要排放24.7千克二氧化碳。

每生产1个塑料袋也会排放0.1克二氧化碳。虽然生产单个塑料袋的碳排放量很小，但塑料袋使用量极大，积少成多，总的碳排放量也不可小看。而且塑料不易分解，大量使用会造成严重的环境污染。

食品生产商为了吸引顾客，往往追求过度包装。每使用1千克的过度包装纸，将排放3.5千克二氧化碳。据统计，仅北京市某年产生的近300万吨垃圾中，各种商品的包装物就有约83万吨，其中60万吨为可减少的过度包装物。

在食物的储存方面，冷冻食品通常保存在冰柜里，需要耗费大量的电能。每用1度电，排放到大气中约1千克二氧化碳，因此，过多购买和食用冷冻食品，间接消耗了大量的能源，排放了更多的二氧化碳。

4．烹饪食物的碳排放

烹饪食物使用的能源种类不同，其排放的二氧化碳量也有所不同。使用1度电烹饪食物要排放约1千克二氧化碳，但如果改用天然气，获得相同的热量却能减少0.8千克的二氧化碳排放。

不良的烹饪方式也会导致更多的二氧化碳排放。例如，烧烤是一种碳排放量较大的烹饪方式，烧烤一次排放4千克左右的二氧化碳。

5．不良饮食习惯增加的碳排放

现代社会，工作与生活节奏加快，人们感受到的各方面压力增大，因此许多人将精神寄托于烟酒，甚至发展到烟酒不离身，不但损害身体健康，还造成对气候的破坏。多喝一瓶啤酒将增加0.2千克二氧化碳排放，多喝一两白酒将增加0.1千克二氧化碳排放；而每天多抽一支烟，每人每年将因此增加二氧化碳排放约0.4千克。

6．浪费食物增加的碳排放

每浪费0.5千克粮食（以水稻为例），将增加二氧化碳排放量约0.5千克。而浪费畜产品要比浪费粮食造成更多的二氧化碳排放，例如，每浪费0.5千克的猪肉，将增加二氧化碳排放量0.7千克。这些被浪费的食物在掩埋后，有可能继续排放大量的二氧化碳和甲烷等温室气体。

浪费水的行为同样会带来不必要的

烹饪食品也存在碳排放

二氧化碳排放。每浪费1千克自来水，将增加约50克二氧化碳排放。如果被浪费的是开水，又将额外增加约35克二氧化碳排放。而这些被浪费的水往往最后混入了生活污水，又增加了污水处理环节的二氧化碳排放量。

7．生产衣物的碳排放

衣物生产过程中的碳排放包括从原料到成衣的整个生产周期，计算了从纱线、布料到成衣的生产过程以及每个工厂的能源消耗量。生产一件衣服平均排放约6.1千克二氧化碳。

8．衣物洗涤过程的碳排放

洗衣机清洗衣物不仅耗水，而且费电。洗衣机每标准洗衣周期要比手洗多耗水0.5倍多，由此增加排放0.04千克二氧化碳。而以全自动涡轮洗衣机洗一次衣服需要45分钟估算，每洗一次衣服大约排放0.2～0.3千克二氧化碳。以工作功率约1200瓦的干衣机干洗5千克衣物一般耗时40分钟估算，干洗一次衣物大约会排放0.8千克二氧化碳，远远高于洗衣机的碳排放量。

衣物洗涤过程的碳排放还包括洗衣粉的使用，其碳排放不仅与洗衣粉的含碳成分有关，而且还体现在生产洗衣粉产生的能耗上。生产1千克洗衣粉大约排放0.7千克二氧化碳。

9．烘干衣物的碳排放

某些材质的衣物不仅要用烘干机烘干，而且还需要熨烫。烘干一件衣服要比自然晾干多排放

生产住宅建筑材料的碳排放

2.3千克二氧化碳。以使用功率为800瓦的电熨斗熨一次衣服需要30分钟估算，每熨一次衣服大约会排放0.4千克二氧化碳。

10．生产住宅建筑材料的碳排放

建造住宅的主要建筑材料包括钢材、水泥、木材、中粗砂和混凝土等，将生产这些材料的碳排放量综合起来，每生产建造1平方米的住宅所消耗的建筑材料需要排放330～370千克的二氧化碳。其中，钢材消耗产生的碳排放量为64.2～142.8千克（因住宅结构和楼层高度而异），水泥消耗产生的碳排放量为99.2～118.0千克，木材及其他建材消耗产生的碳排放量为127.4～167.4千克。而且，高层住宅（9～14层，建筑面积为6000～10000平方米）单位面积消耗建材的碳排放量最少，而超高层住宅（15层以上，建筑面积10000平方米以上）单位面积消耗建材的碳排放量最多。

11．生产房屋装修材料的碳排放

装修房屋的材料多种多样，但主要包括地面用砖、顶棚用板、包门材料、壁纸、地板用材、贴墙材料、涂料等，将生产这些材料的碳排放量综合起来，每装修1平方米的房屋需要排放420～1600千克二氧化碳（因装修材料不同而差异较大）。按全国城镇住宅面积10.79亿平方米计算，仅家庭装修一项带来的碳排放量就接近17.31亿吨。

12．住宅取暖制冷的碳排放

目前，夏季住宅制冷主要通过空调实现。如果使用空调为100平方米的住宅制冷，那么夏季3个月（6—8月）将因此排放约4400千克二氧化碳。由于我国南方地区冬季（12—2月）

住宅取暖设施

美
丽
的
地
球
家
园

的住宅取暖也主要通过空调实现，因此对应的二氧化碳排放量与此相当。

我国北方城市的冬季住宅取暖主要通过集中供热系统结合空调实现。以100平方米的住宅为例，冬季4个月取暖排放的二氧化碳为7000~8000千克。按全国城镇住宅面积10.79亿平方米计算，仅取暖制冷一项带来的每年二氧化碳排放量就超过7000万吨。

13. 乘坐公共汽车的碳排放

公共汽车是城市居民出行的主要代步工具。资料显示，北京公交车的平均耗油量为0.25升/千米，平均每辆车30人。如果每天上下班都乘坐公共

公汽的碳排放

汽车，以每天上下班乘坐公交车的里程为30千米估算，那么每人每天因此产生约0.6千克二氧化碳排放。

14. 乘坐地铁的碳排放

2008年3月6日，北京市地铁客流量突破430万人次，达到434.57万人次，成为北京市民不可或缺的公共交通选择方式之一。如果每天上下班都乘坐地铁，假设地铁每节车厢平均有100人，则每人每站将消耗0.125度电。以每人每天乘坐地铁上下班总共18站估算，那么每人每天因此产生约2.3千克二氧化碳排放。

15. 乘坐轿车的碳排放

随着经济的快速发展，私人轿车已经逐渐进入到寻常百姓家，尤其是我国部分超大城市，轿车保有量一直在持续增加。北京市交管局资料显示，

截至2008年底，北京市机动车保有量超过350万辆，其中大约有250万辆为私人汽车。如果每天上下班都乘坐轿车（包括出租车和私家车），以每天上下班驾驶汽车或乘坐出租车的里程为30公里计算，平均油耗为0.08升/千米，那么每人每天因此产生约5.9千克二氧化碳排放。

16．手机的碳排放

随着通信业的快速发展，手机的普及率不断上升。据统计，截至2008年底，全球手机用户达到40亿，普及率近60%。生产手机要消耗大量的材料、能源。据估算，每生产一部手机，将会导致60千克二氧化碳排放。

小汽车的碳排放

平均一部手机每使用一年将排放112千克二氧化碳。该二氧化碳主要源自手机充电器的电耗。

 ## 五、娱乐生活中的碳排放

1．电视机的碳排放

电视机的功率与其屏幕尺寸等参数有关。据测算，普通电视机开机一小时，排放二氧化碳0.03～0.1千克。而电视机尺寸越大，耗电量越大，排放的二氧化碳就越多。

2．放映电影的碳排放

数字电影放映机运行需要消耗电能。据估算，放映一场电影，平均

环保进行时丛书　HUANBAO JINXING SHI CONGSHU

排放约8千克二氧化碳。

3．生产音像制品的碳排放

CD、VCD、DVD等音像制品的主要材料是聚碳酸酯，生产一张碟片排放约50克二氧化碳。

4．KTV的碳排放

去KTV唱歌是老少皆宜的休闲娱乐方式，其二氧化碳排放来自功放机、麦克风、灯光等，其中以功放机造成的碳排放为主。若连续使用一间KTV包间4小时，则排放二氧化碳3.5千克以上。

5．健身活动的碳排放

许多人已经用健身器材代替了户外健身。健身器材大多需要电力驱动，相应产生二氧化碳排放。例如，跑步机使用一小时平均产生的二氧化碳排放量约为1.8千克。

6．外出旅游的碳排放

随着人们生活水平的提高、闲暇时间的增多，旅游越来越成为广大市民的重要休闲方式。旅游过程中二氧化碳的排放量也十分可观。由于旅游是吃、住、行、游、购、娱的集合体，因此外出旅游的碳排放体现在衣、食、住、行等多方面，这些方面的碳排放情况可以参考前面的介绍。

六、低碳生活不会降低生活质量

低碳生活积极倡导节电、节油、节气、节水等，我们现在的生活，恰恰一刻也离不了这几样东西。这样一来，是不是践行低碳生活就一定会降低我们的生活质量呢？答案是：绝对不会。

首先，我们要知道，节电、节油、节气、节水不是不用电、不用油、不用气和不用水，而是节约那些虽然用了，但并没有提高生活质量的部分。比如说，房间里没有人的时候随手关灯；能够搭公共汽车的时候尽量不开私家车；在蒸煮食物的时候想办法让燃料充分燃烧并注意适量加水；尽量用洗过衣物的水冲厕所等。这些电、油、水、气不用或少用，生活质量肯定是不会降低的。

其次，我们要知道，追求豪华和奢侈不等于提高生活质量。比如说，请客一定要菜多得吃不完，买车一定要大排量等。物质消费是为了满足生活的需要，过度消费就是奢侈，把本来就很紧缺的资源浪费了。

还有，我们可以利用科学技术的力量来开发新的能源、研制新的绿色消费品。现在，太阳能、水能、风能、核能已广泛运用，科学家们还在研究开发氢的核聚变能，如果一旦能够投入使用，能源也许就不是什么问题了。至于现在一些高能耗产品，也能够逐步用低碳技术的产品来代替。

因此，践行低碳生活可能降低生活质量的顾虑是毫无必要的。

人类总是生活在一定的自然环境中，生存和发展的需要最终都只能取之于自然。人类在向自然索取的时候，总会导致自然环境发生变化，这种变化也反过来对人类本身产生影

低碳生活

响。因此怎么合理地"取"的问题就摆到人类的面前。人类对这个问题的认识是经过了一个漫长的过程的。

当人类还处于农业社会的时候，由于人口不多、生产力不高，人们向自然取得给养，却没有所谓"污染"。但是，到了300年前的蒸汽机特别是100年前的内燃机发明以后，化石燃料被大量使用，二氧化碳排放量急剧增加；同时，由于科学技术的发展、生产力的提高，在不断满足人们生活需要的同时，在生产过程中和生活消费之后，大量的"废弃物"产生了。

本来只要有人类的活动，就会有废弃物，但农业时代的废弃物量少，再说那时的废弃物主要是生活垃圾，一般都可以在自然中自行化解，从整体来看，也没有越过影响人类生活的"度"，因此人们只把自然当成索取的对象，还没有想到要约束自己。进入工业社会以后，情况就变了，除了生活垃圾以外，大量的工业垃圾也出现了，这些垃圾改变了人类习惯了的空气成分比例，过量的有害物质混进了人类赖以生存的水中，连土壤里长出来的农作物也残留着影响人类健康的成分……人类这才开始反思：以提高生活质量为目的的这些活动，怎么反而给人类的生活带来越来越多的危害呢？在这样的情况下，人类才明白，自然界也有它自己的规律，人类为了生存和发展向它索取的时候，要尊重它的规律，不能随心所欲。于是保护环境的呼声便越来越高了。保护环境不是要我们对环境特别优惠，只不过是要我们尊重自然的运行规律，约束人类违反规律的行为。

人类认识到要约束自己，从19世纪70年代蒸汽机的发明到20世纪环境问题的提出，花了整整一个世纪的时间，以后人们又经历了半个世纪的思考。在这段对历史来说不算太长的时间里，人们的认识也是经历了几次转折的。

人们起初发现，我们在追求食物的产量以满足人们生存和发展需要的同时，食物却产生了安全问题：用来提高产量和质量的物质跑到食物里面影响人的健康了。后来又陆续发现水不但不够用，而且也不干净了；有些动植物物种灭绝了；甚至天气也变得反常了。接着又找到了各种各样的解释：食物安全问题是因为使用了农药和化肥；水质变差是工厂的废水流进了自然水域；物种灭绝是由于过度开发而改变了它们的生活环境；天气反常的原因就更多了，森林破坏、工厂废气、汽车尾气、含氟空调的使用等等。一句话，是人类自身的活动把环境弄糟了。于是有人就下结论道：环境是过去以人为中心弄糟了的，现在我们应该以自然为中心。也就说人类要约束自己，敬畏自然。这种约束说曾经风行了很长的时间，信奉者中也确实有些人在身体力行：为了保护动物，有人提出连牛奶也不能喝，鸡蛋也不能吃，他们自己也确实奉行素食。他们保护环境的热情固然可敬，但这种极端环保的思想方法只要稍微往深想一点，就会发现是不可取的。

首先，人类要约束自己，是为了自身的可持续发展。人类要生存，只要和其他生物一样，简单地从自然界获取资源，就可以应付；但要发展就不能简单地用自然界的资源直接消费了，而要根据人类的需要进行加工，这就改变了自然资源，这种改变是不能约束的。可持续发展讲"以人为本"，就是说一方面发展是为了满足人们的需要，同时又是靠人来实现发展的。不要一说约束自己就捆住人类的手脚，什么事情也不能干了。

其次，要真正做到约束自己，必须对环境问题有清醒的认识，才能形成保护环境的意识，养成保护环境的良好习惯。现在出现环境问题并不是偶然的，是自然界按照它自身的规律运行着，而人类的活动有意无意地违反了这些规律，因为没有认识这些规律，所以当初并没有看到现在的结果。只有认识了规律，能够预计到结果，做起来才有自觉性，才容易形成意识、养成习惯。

再次，如果要求再高一点，要真正做到约束自己，就应该把保护环境当做自己应尽的社会责任。我们每时每刻都在和环境打交道，地球是全人类共同的家园，应该说人人都有保护它的义务。但是也许因为它总在默默地满足人类的索取，人们容易对

低碳生活 从我做起

它采取一种无所谓的态度，履行义务的责任感淡薄，现在是唤起这种责任感的时候了。

要真正保护好环境当然不能仅仅靠个人的责任感，更应该依靠宏观的政策调控。但我们不能无视这种责任感的作用。如果没有这种责任感，任何好的调控措施都会落空的。落实到我们身上，这种责任感真正从保护环境的效果来说可能不是那么立竿见影。比如说，你少用了几张纸、节约了几度电，可能环境并没有多大改善，但这是一种积极的生活态度。如果大家都用这种态度来对待生活、对待保护环境，我们的地球家园一定会变得更加美好，我们也能从生活中获得更多乐趣。

第二章

拒绝高碳习惯，让你的生活更绿色

一、生活能源低碳化

可再生能源为人类展现了多姿多彩的新能源。艳阳高照，送来了太阳能；空气流动又产生了风能；流水不断，水力发电已不是梦想。新能源为世界各国减少对石油和其他矿物资源的依赖提供了机会。

要记住的是，可再生能源虽然比起矿物燃料对地球的健康更为有利，但对环境并非完全没有影响。对新能源的选择和开发必须格外谨慎，以防用于解决我们能源问题的办法本身又成为新的环境问题。由于自然环境的不同，某些国家更适宜于开发某种特定的能源。例如风力较强但又相对稳定的地区自然就是装置风轮发电机的首选之地。

而生活当中，我们最接近的生活能源便是天然气和液化气了。

许多家庭使用天然气或液化气做饭、取暖和烧水。天然气和液化气的一个好处是它们燃烧产生的热能直接供给家庭使用。能源在从一种形式向另一种形式转化的过程中（如从储存在燃料中的能量转化为发电厂的热能、驱动汽轮机的动能、再转化为电能）会散发热量而发生一定的损耗。一种能源经过的转化程序越多，在燃料量和产生的污染量一定的情况下，最后得到的可用能源越少。从这个意义上讲，天然气和液化气的效率比电高，所产生的温室气体仅为电网的1/3。使用天然气或液化气加热和做饭即意味着产生较少的温室气体。不过，天然气和液化气可能降低室内空气质量，同时，由于天然气和液化气属于矿物燃料，不具有可再生性，简而言之，在人类开发可再生能源的过程中，天然气和液化气还是不错的过渡性能源。

天然气并不是到处都有，但在不具备天然气设施的地方，可以使用液化气。作为燃料，天然气和液化气的环境影响大同小异。不过，液化气需要压力储存，并须采用罐车或气瓶运输，对环境的影响较大。此外，液化气的价格一般比天然气贵。

如果最近您曾外出选购家用设备，您可能注意到能源评级标签。家用设备能源评级标签制度旨在向公众提供家用设备的耗能信息。这项制度有助于正在选购家用设备的消费者在了解产品的耗能情况之后再作选择。家用设备能源效率越高，完成同样的工作耗能越少。

评级标签还标明了家用设备根据标准

海上的天然气气井

测定的每年耗电度数。评级制度的范围包括洗碗机、洗衣机、冰箱、冰柜、烘干机、空调机和热水设备。甚至可采用类似的能源标签制度对燃气取暖器和燃气热水器进行评级，范围同时包括以天然气和液化气为燃料的型号。

选购具有较高能源效率的家用设备，这样，您每次使用的时候，既省了钱，又省了能源。

此外有些国家还有针对办公设备和娱乐设备等电子产品实施的类似"能源之星"的计划。

"能源之星"是具有一定能源效率的电器产品的国际标准。该项计划不对产品评定不同的星级，而是设定单一的标准，凡符合一定技术标准并具备特定节能功能的产品，即可贴上"能源之星"标签。能源之星计划获得各大知名品牌的支持，范围包括电视机、录像机、DVD、音响设备、个人电脑、显示器、打印机、传真机和复印机等各类产品。

"能源之星"产品通过采用休眠模式或者通过减少产品处于待机状态时所需的能源，降低能源的消耗，从而减少温室气体的排放，有利于保护环境；同时，还减少了工作过程中热量的散发，延长了使用寿命。通过降低产品的能源消耗，能源之星还能为您节省电费。购买娱乐设备或办公设备时，看产品或包装上有没有"能源之星"的标签。

二、科学地选择烹饪设备

家庭产生的温室气体中，有3%左右来源于做饭产生的废气，部分家庭这种废气所占比重可能更大。同交通产生的废气（包括使用汽车、火车、公共汽车、轮船、飞机产生的排放物）相比，这种废气似乎并不多，因为家庭产生的温室气体中38%都与交通运输有关。但是积少成多，如果每个家庭都能减少哪怕是1%的温室气体排放量，那我们每年就能少产生上千万吨的温室气体。在做饭的同时为节约能源做点努力是完全有意义的。

第一步是要保证您用于做饭的器具是节能的，而非耗能大且效率低的类型；下一步是要保证您使用做饭器具的方法是节能的；即使您不想更换做饭器具，您同样可以通过节能的做饭方法节省能源和金钱。

一般来说，使用天然气生热要比使用电生热更便宜且更节能，无论是取暖、烧水还是做饭。然而，小型的电器产品，比如炸锅、电煎锅、三明治制作机，由于所需加热的空间及材料少而更节能。同用电做饭相比，使用燃气更有利于环保，而且通常更廉价，也较容易操作。但是，燃气也可能引发哮喘或呼吸系统过敏的人呼吸困难。电热板有很多类型，包括陶器型、线圈型、固体型或电磁感应型。如果您决定使用电做饭，选择一款节能的电热板。

如果您正在考虑购买一个新的炉灶，而且您生活的区域有天然气供应系统，那您最好衡量一下使用煤气炉与电热炉的利弊。以下是每种选择的利弊浅析。

1．用电做饭

利

(1)加热元件在锅底散热更均匀。

(2)不会造成室内空气污染。

(3)有时电炉更易清洁。

弊

(1)效能低——获取热能所需燃料更多。

(2)元件加热及降温所需时间更长，因而降低了做饭的掌控程度，增加了着火的可能性。

(3)部分能量在从发电厂到家庭的输电过程中已损失掉。

(4)用煤做动力发电的电厂排放的废气是造成空气污染及温室效应的主要原因。

2．用燃气做饭

利

(1)通常炉子和烤箱运转所需燃气很少。

(2)可及时控温，且可很快达到高热。

(3)是更有效使用能源的方法，消耗的天然燃料资源更少，造成的污染也更小。

(4)本国拥有自己的天然气储备。

弊

(1)造成室内污染——无论是未燃烧的气体还是燃烧后释放的气体都可能引发呼吸系统疾病。

(2)有气体爆炸的轻微可能。

电磁炉

（3）天然气属于化石燃料，不可再生。

（4）并非所有地方都能获得天然气供应。

3．用电磁感应炉做饭

用感应炉做饭是一项新技术，或许是未来我们做饭的方法，它应用了电磁技术。电被输送给炉子内部的感应圈，从而产生磁场。当把用磁材料制成的锅放于炉上时，感应圈产生的磁场中的感应流会把锅底加热，并进而加热食物。炉子表面仍保持常温，它只提供了一个放置烹锅的平台，这就减少了使用及散失到周围的能量。炉面也更容易清洁，因为溢出物不会滞留在炉子表面。感应炉是最节能的电热板类型，许多世界顶级厨师都已经开始享用这种感应炉提供的适度且易掌控的温度烹饪美味佳肴。这种炉子加热速度很快，在试用这种新方法做饭的最初，许多人都不小心将菜烧焦。并非所有的烹饪器具都能用于感应炉，炊具一定要有磁性，例如带瓷釉的钢、生铁以及一些底部插有合金铁的玻璃器皿。铝、陶器以及其他非磁性炊具不能用于感应炉。

4．用烤箱做饭

目前市场上可购得的烤箱有三种类型：传统型烤箱、扇动力型烤箱和微波炉。无论您选择哪种类型，确保您选购的烤箱大小适合您所需。

（1）传统式烤箱通过煤气烤炉膛或电子元件供热，热气会上升，所以这类烤炉的上层更热。

（2）扇动力式烤箱内装有一个风扇，使热气在烤箱内均匀地循环，均匀的热量使各层能同时使用。这种烤箱升温速度更快，烹饪食物所需的时间更短，而耗能量比传统型烤箱少35%。

（3）微波炉通过微波辐射直接加热食物。因为不用在加热食物容器或炉子本身上浪费能源，所以它的效能极高，烹饪所需时间仅是传统型的一小部分。有些人担心微波烹饪可能会改变食物分子结构，使食物营养丧失，也可能不利于人体健康；微波炉会泄露有害射线；微量塑料会通过包装袋

或容器转移到食物中。关于用微波炉烹饪对人体健康影响的研究早已开

始，并有所发现。如果您确实有微波炉并想减少使用它的危险，那么使用微波炉时，站在离微波炉1.5米至3米远的地方，而且只使用微波炉专用的塑料、玻璃及搪瓷容器。

您对做饭用能源的选择不仅关系到节能问题，它同样关系到室内空气质量。

电烤箱

5．用其他烹饪器具做饭

厨房中的烹饪器具并非只有烤箱和加热炉。许多人都有电水壶、煎锅、电饭煲、瓷锅、面包加热机、炸锅、烤面包机、三明治制作机及压力锅。似乎每年母亲节都会有新型的烹饪器具被推出。

就为热一块比萨而加热一个大烤箱是不太明智的。使用小型的烹饪器具来满足少量的烹饪需求。通常这类器具更节能，运转成本也更低。比如，做同样的食物，电煎锅所用的能源仅为常规加热板所需能源的1/4。

6．生活节能小提示

(1)用小型器具如烤面包机或微波炉制作或加热少量的食物。

(2)通过把冷冻食品放在冰箱冷藏室内或厨房操作台上化冻的方法，不使用微波炉化冻。

旧型洗碗机的耗水量各异，每工作一次的用水量可高达90升。而手洗碗碟需用两满池水（一池用于清洗，一池用于漂洗），每次用水量大约为

15～20升。但晚宴一类的大餐后，用水量可能更大。如果您用流水而非水池或桶来冲洗碗碟，用水量会极大地增加。

节能使用洗碗机的小提示：

① 如果您的洗碗机有节能、经济型设定，使用这一功能。

② 充分利用洗碗机空间，让其满载运转。

③ 定期清洗过滤器。

④ 如果您的洗碗机有不加热或风干选择，使用这一功能。将门半开一夜，风干碗碟。

三、选择绿色食品，选择绿色生活

我们本身与食物有关的一切活动以及食物的生产、销售活动都会对环境产生影响，我们每吃一口饭菜都有一个环境代价。同时，只要我们适当注意，每一顿饭都能给人体补充必要的能源，让人感觉精力充沛，显得容光焕发。在厨房里注意环保讲的就是在照顾地球的外部环境的同时，兼顾人体的内部环境。

食物的来源

要谈怎样使我们的饮食习惯更有利于环保，先要了解一下食物的来源。目前大多数人居住在城市或小城镇，不是迷失在商务中心区的摩天大楼和车水马龙之中，就是沉醉在城市郊区的青砖绿瓦和雪白玫瑰之中，不知不觉地疏远了土地，也忘记了食物是从哪里获得的。如果花园里面有块菜地，可能还能找到一丝感觉，不过终究没法充分体会养育亿万人口的艰巨任务和随之产生的对环境的影响。

就说一块普普通通的面包。大多数人看着一袋切片面包可能会说那袋面包的环境问题就出在那个袋子上，因为那个袋子不能生物降解，如果随处丢弃就很糟糕。事实并不那么简单。就因为那块面包需要投入许多资源：种麦子要用表土、水和电，将麦子磨成面粉要用能源，将面粉做成面包要用更多的能源和水，运送面包要用燃料。

为生产您家附近的商店里供应的食物，要耗用一定量的土地、水和能源。相对于普通超级市场里供应的经过无数道中间过程的加工食品，鸡蛋、水果、蔬菜、鱼、肉和家禽等鲜活产品耗用的资源较少。

在食物方面，营造健康的内部和外部环境的提示

下面我们了解一些一般的原则，帮您选择对您和对地球都有益的食物。

1．少吃肉，少占地。每星期少吃一顿荤菜，多吃一顿素菜，如素烧豆腐、印度扁豆煲或者墨西哥玉米面豆卷煎饼。按照营养成分来算，西方人大鱼大肉吃得太多，远远超过人们身体的需要。对肉食的偏好加上油炸的快餐和普遍的过量饮食，使这些西方人越来越胖、越来越不健康，美国和澳大利亚的情况尤其严重。

您可能以为地上种出的粮食全都变成了人类的食物，可事实并不是这样。相当数量的粮食被用来喂养牧场或饲养场里的动物，这些动物宰杀之后又成了鲜肉或被制成肉制品。撇开动物权利问题不谈，在有限的一片土地上，比起养牛羊或者生产饲料喂养其他肉用动物，种植庄稼能够生产更多的食物。南美相当数量的新开发土地都要作为牧场用来养牛，养大的牛总有一天会变成牛肉酱。

我们并不是要每个人都成为素食者，只是要问是不是需要吃那么多肉，特别是牛羊肉，能不能吃点别的含蛋白质的食品。各种牲畜的蹄子正在报复性地践踏着单薄的地表土。

2．选购当地出产的时令产品。随着采摘、保存和包装方法的进步，一个地方的新鲜果蔬不再只是供应当地居民。各种各样的水果在成熟之前就被摘了下来，以便进行长途运输，在途中慢慢成熟。采摘和运输的时间都经过仔细的掐算，这样，水果最终在商店摆卖的时候正是最鲜亮的时候。结果，这些食物经过长途跋涉耗用了大量的燃料，而它们的营养价值和味道反而不如当地的产品。您从超级市场买来的西红柿，吃起来不就常常是又干又没有味道吗?

选购当地出产的果蔬。当地的果蔬通常应时采摘，味道鲜美，营养价值也高。选购当地果蔬还有助于当地种植业的发展。当地时令产品可能种类有限，但您大可尽情享受各种不同的吃法。不同的产品在一年里轮番上市，也给不同的季节增添了独特的色彩。勤跑菜场，每次不要买得太多，这样您就总能吃到新鲜的果蔬。

3．少吃加工食品。加工食品经过了很多的变化。新鲜的杏与杏罐头就不一样，与杏酱更是大不相同。食品加工无非是将食物煮熟、搅碎、加入添加剂或防腐剂，这通常需要耗用更多的能源和水，从而对环境造成更大的影响。为使稻子或麦子等粮食变得更白、更软，可能会将其中的某些纤维成分（精华部分）去除。经过加工的食物有的可以保存更长的时间，有的更加便于食用。可惜的是，加工过程也能使食物丧失一定的营养价值。

4．不吃含有多种添加剂的食品。选购食品的时候，要看看食品包装上列出的成分，不要买那些列有一大串添加剂、人造色素和香精的产品，患有食物敏感症或过敏症的人尤其需要注意。色素可以使食品更加诱人，增白剂可以使面粉等产品变得更白，防腐剂可以延长食品的保存期限。一些特别的添加剂还能使色拉油中的油和水保持充分混合，或者防止粉状香料结块。各种添加剂既能增强食品的香味和口味、改变食品的

色素食品

颜色甚至人为地提高食品的营养价值，也能引起人体过敏反应、不易消化，不利于人体健康甚至可能引发小儿多动症。

5．不吃辐射食品。有的食品要经过辐射处理。辐射处理就是将食品曝露在放射性物质发出的X射线和伽马射线之下，杀灭食物中的病菌或者抑制病菌的繁殖，又称低温巴氏灭菌法。虽然世界卫生组织和其他机构都曾声明食用辐射食品对人体无害，却有反对意见认为任何使用放射性物质的技术都有职业健康和安全问题。

6．使用滤水器。使用滤水器或净水器滤除饮用水中的杂质，但要注意定期更换过滤筒。

7．从新鲜食物而不是保健品中摄取维生素和矿物质。有些食品添加剂如维生素C对人体有益。不过，这些成分通常在自然状态下更容易被人体吸收。经常服用保健品可能使人体习惯于从浓缩的制剂中摄取这些维生素和矿物质，从而影响人体从食物中摄取养分的自然能力。

8．吃有机肥料培育的食物。为了您的健康和我们的生存环境，吃有机肥料培育的食物是有积极意义的。

施用有机肥料耕种作物的过程中并不使用人工杀虫剂或人工肥料，而且人们可以种植若干种农作物，而非只能种植会破坏土壤养料的单一作物。许多施用有机肥料的农民在种植农作物的同时也饲养家禽，而家禽的粪便为保持土壤肥沃提供了天然的养料。粮食类作物与可使土壤肥沃的植物类作物如豆类轮种，极大地补充了土壤中的硝酸盐。有机肥料培育的作物中不含人工肥料、杀虫剂、荷尔蒙、助长素、抗生素、添加蜡质或刨光剂或者其他化学成分。这类作物也不含转基因成分，更未受到辐射。对消费者来说，这就意味着他们摄入体内以及投放于环境中的污染物更少了。

目前，有机肥料培育的食物在许多大型超市均有售，不仅有新鲜的产品，还有种类繁多的罐装食品、面食及儿童食品。

9．保证购买的食品确实为有机食品。对"有机"一词的使用并没有限制。从化学学科的角度说，任何含有碳原子的物质都可被称为"有机"物质。一些产品自称为"有机食品"是要表明其为植物提取物而非人工合成品。检查食品的标签以确保作物真的是在有机环境下或遵循生物动力学原理生长的。制造商们非常明白，人们愿意多付些钱来购买有机条件下生长的食品，所以一时间"有机"一词变得广受欢迎，可见于众多产品的名称或说明中。选购标签上标有"认证有机产品"之类字样的产品，这表明其耕种及生产方法真正符合有机产品认证机构的标准。

10．购买放养类及吃有机饲料的动物产品。不要忘了，对于传统方法饲养动物的产品同样也有替代品。购买放养鸡产的绿色鸡蛋，而不要购买养鸡场饲养的食用含有激素和动物内脏饲料的鸡产的蛋。通过放养方式喂养、不吃含有激素的饲料的鸡和其他动物的肉可以在一些肉商、超市和健康食品店买到。

 四、节约用水要牢记

地球上总共约有13.85万立方千米水。地球表面接近3/4的面积被水覆盖。既然有那么多的水，为什么还要大张旗鼓地倡导节约用水呢？

我们拧开水龙头，水就哗哗地流出来。拔起塞子，水又很快地流走。如果您生活在城市里，很容易觉得给水、排水系统都是理所当然的。很少有人知道，为了保证我们的自来水符合饮用标准、供应源源不断，为了保证污水得以安全地处理和排放、屋顶和街道的雨水得以妥善疏导，需要投入大量的人力物力和资金。

水的问题在于，虽然地球表面的大部分面积被水覆盖，但其中97%都是不能饮用的咸水，还有2%虽为淡水却常年受困于雪山冰盖和冰川之中。更多的淡水深藏在地下，根本无法汲取。剩下可供人类利用的淡水——地表水、地下水、土壤含水、水蒸气和云雨只占地球总水量的0.003%。

虽然我们经常看到有关干旱使农民面临困境的新闻报道，但城市居民不到实行限水措施的时候，通常意识不到缺水问题的存在。我们习惯于随意用水，觉得只要没有实行限水措施，就意味着供水充足。而实际上，大部分地区除非储水严重不足，否则不会实行限水措施。为保证人类永远没有缺水之虞，每个人都要时时注意节约用水。

家庭用水

一个普通家庭每天用水几百公升。由于房屋和庭院大小、雨水利用、家庭成员和当地气候等方面的差异，不同家庭的用水量有很大差别。

我们生活在人均水资源最为贫乏的大洲，水是我们宝贵的资源，我们必须节约用水，提高节水意识。农村和一些郊区的许多家庭都有雨水罐，用以收集、储存雨水。能够再利用洗澡、淋浴和洗衣等盥洗污水的家庭给排水系统正在兴建和普及。

即使不安装新的给排水系统或改造现

蔚蓝的"水球"

有的给排水系统，您也能做很多事来节约用水和减少污染。节约用水就是为您省钱，减少使用热水还节省了烧水的能源，这何尝不是一种奖励。

节约用水

为什么要节约用水？显而易见的理由是我们的供水有限。但是除此之外，还有更多的理由。您可曾静下心来想过我们所用的水到底来自哪里，又是怎样跑到我们家里的水管里去的？

水从蓄水池流出，途经隧道或管道流到小区的水箱，再送到家家户户。途中主要通过水泵推动，有时也利用坡度、借助于重力。其间通常已经过滤、消毒和一系列检测。流速和水压通过水管上的压力控制阀加以调节。可见，为保证自来水符合饮用标准，需要耗费大量的人力、物力和资金。结果，这些饮用水却大多被用来洗澡、拖地、洗衣、浇花和冲厕所。

我们减少自来水的用量，就能减轻以保证人体健康为目的的整个自来水输送和净化系统的压力。

讲到节约用水，让我们从最容易的事做起。第一步就是提高用水效率——巧妙地用水，减少用水量这也是投入最少、见效最快的办法。在花钱装置雨水罐

节约用水

和申请安装盥洗污水再利用系统之前，先试试这个办法。在您需要新买或更换洗衣机或水龙头配件等用水设备或装置的时候，看有没有节水评级标签，选购省水的产品。

一旦您费心选购了省水的产品，每次使用的时候都不用试担心会浪费水。但是怎样才能找到省水的产品呢？只要看有没有节水评级标签就行。

如果最近您曾外出选购家用设备，可能注意到大多厂家向选用用水设备的消费者提供不同产品的耗水信息。

产品范围包括洗碗机、洗衣机、水龙头、坐便器、喷淋头及小便器等

等。选购这些产品的时候都要看有没有节水评级标签或标牌。稍微多花点钱买个耗水较少的产品，绝对物有所值。因为从长远来看，您将节省大量的水，也就省了更多的钱。

 ## 五、不可浪费的废弃物

如果您所在社区回收站不回收某种材料的制品，并不意味着该制品再无利用价值。许多垃圾品都被送到垃圾填埋厂，而实际上它们在您家还有用武之地。以下是一些关于如何再利用家居废物的好方法。

1．报纸和杂志

(1)碎报纸可在夏季用做植物的护根物。它能降低植物水分蒸发量并减少浇水的次数。

(2)报纸上的卡通版及旧的幽默书是极好的送给儿童的礼品包装物。

(3)沾有少量醋的报纸是既便宜又有效的窗户及镜子清洁品。

(4)报纸也能用于点火、擦拭喷溅物、包食物残渣或在粉刷房间时盖在物品表面。

2．牛奶和果汁盒

(1)把植物种子或幼苗种在底部钻有排水口的牛奶盒内。纸盒会保护幼苗不受恶劣天气影响和害虫侵害，而且会随着植物的生长而被生物降解。

(2)把这些纸盒送给您所在地的学校或幼儿园。他们有许多手工制品需要用牛奶盒和果汁盒。

3．罐子

(1)没有污渍的钢制或铬制家用品目前很流行。用除去标签的钢制食品罐自制这类用品是极可行的方法。食品罐可被用做花瓶或文具盒。大的食品罐及油漆桶可做雨伞架或小型桶。钻上孔的炼乳听可被做成很好的茶灯。

(2)小型罐子，比如婴儿食品罐，除去两端就可以做很好的蛋糕模具。

4．瓶和缸

(1)除去顶部的带柄塑料瓶可做铲子。两升装的塑料牛奶瓶就是很好的清理宠物狗粪便的铲子。

（2）除去底部的塑料软饮料瓶可用来做蔬菜园的浇水用具。把开口的瓶颈插入植物旁的土中然后向瓶里灌上水。

（3）玻璃瓶和玻璃缸能被再利用为盛装果脯或其他自制食品的容器。

（4）玻璃缸是极好的透明贮存容器，用来装玉米仁、图钉、缝纫用零碎品、橡皮筋、植物种等。

用废弃的瓶子做的圣诞树

(5)婴儿食品罐是很好的携带少量野餐用三明治酱、牛奶的容器，

也是极理想的发卡、发套、曲别针的盛装物。

5．衣服和织物

(1)旧衣服可以捐送给慈善机构，或赈济需要衣物的人，或在自选店售出以筹集慈善资金。破烂的织物也可能有用——质量不好的棉或毛制品可回收制成其他产品，如毯子或隔音材料。

(2)旧电热毯的电线被拿掉后，电热毯就可以当褥子用了。

(3)旧毛巾可以做成洗脸擦、擦手毛巾或围嘴。

(4)旧床单可在粉刷房间时盖家具。

(5)旧毛巾或床单还可用做抹布。

6．制堆肥

一盘生土豆皮、发黑的熟过头的香蕉以及咖啡壶瓶塞上残留物的混合物，听起来让人并不舒服，但这些却是您用堆肥桶自制植物肥料的必要原料。制堆肥是回收废弃的有机物质补给土壤养分的天然方法。厨房里的剩饭、剪下的草以及其他绿色的花园里的废弃物都可放入堆肥堆内。

制堆肥是减少送往填埋厂垃圾数量的最简单方法。实际上，50%多被人们扔入垃圾桶的垃圾是可用于制堆肥的食物残渣及园林废弃物。食物残渣也可以倒入蠕虫场，蚯蚓可以把食物分解，就像在积肥桶内一样，食物残渣可以被转化成能肥沃土壤的物质。蠕虫场并不需要太多空间，所以对于有阳台而无花园的公寓是极好的选择。

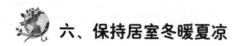

六、保持居室冬暖夏凉

许多人都把钱花在购买装点居室的软质装饰物上，比如奢华的沙发罩、可爱的靠垫。但是如果您正冷得瑟瑟发抖，您的居室看起来美若天堂又有何用？您可以用奢华产品到处装点您的居室，但您一定不会愿意待在忽冷忽热、令人极不舒服的房间里。营造更加绿色环保且节能的居室的好处就在于它能使您生活得更舒适。所以舒适先行，装点在后。

　　许多人都在不知不觉中把大量的钱花在了用电或煤气给居室供热或降温上，但这样不过是让更多的热量通过窗户散失掉了。一些人甚至花更多的钱更换极好的供热系统，却发现居室依然无法保持舒适的温度。您可以花大把的钱安装供热或降温系统，也可以花不少的钱买电买煤气使其运转，但是如果您的住宅隔热效果不好，那您的钱就白白浪费掉了。

　　供热和降温系统耗能量平均占每户家庭耗能量的39%。在需要热量更多的国家或地区，这一比例可以达到60%。当然，这部分能量消耗后排放的温室气体量也占家庭温室气体排放量的一大部分。采取措施防止冬季热量散失和夏季热量获取完全可以降低能源的使用量。事实上，在许多地方，有效的防护措施及良好的房屋设计足可以保证一年中大部分时间整个住宅都舒适宜人，只需少量的供热或降温设施加以辅助。

　　热能从较热的地方向较冷的地方流动，如果您的住宅隔热效果好，那您在居室供暖或降温方面的花费会极大

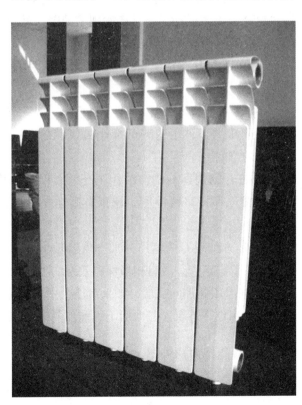

供热设备

地减少，对环境的负面影响也会极大地减弱。隔热措施能帮助减少不想要的热量流入或想要的热量流出您的住宅。热量可以通过封闭不严的屋顶、墙壁、地板及无遮挡物的窗户漏失掉。通风口及其他漏气孔也能让热量漏出、冷气进入。

找到热量流失的地方，一一标明。您不妨留意一下标明的每一处地方，做些小改动以确保您的居室保持温暖。许多改动很容易做到，并且会减少您对额外热量的需求。

1．控制热量散失

(1)在门和门框间加贴密封条。您也可以在门的下部加门刷。

(2)用点燃的蜡烛找出每个漏气孔洞。沿着壁脚板和接缝处移动蜡烛，漏风口会使火苗摇动。一旦您发现了缝隙，就用封条封住。咨询一下五金商店，看看是否有解决此类问题更合适的商品。

(3)在烟囱上安装气阀。隔断您不使用的壁炉烟囱与外界空气流通的通道。

(4)安装有自动关闭功能的排风扇。

(5)随时将不使用的房间的房门关闭，特别是像浴室这样装有通向室外排风扇的房间。

(6)打开朝南窗户的窗帘让阳光射入以获取热量。一旦太阳落山，就拉上窗帘以保持室内温度。选用有助防止透风、保持室内热量的窗户遮挡物。

(7)考虑给现有的窗户外加一块窗玻璃或树脂玻璃。如果窗户需要更换，安装双层窗户，或有相似保温效果的玻璃砖。

(8)在屋顶铺加隔热层，如果可能，别忘了墙壁。如果您的住宅建在寒冷地区，您也许甚至想在地板下也铺加隔热层。

2．节能型窗户外罩

部分冬季取暖的热量确实可能漏失出窗外，平均每户家庭有10%～20%的热量都是通过窗户漏失的。设计不好且装有大扇窗户的住宅漏失热量可能高达30%。

您可以通过仔细挑选窗户遮挡物来减少通过窗户散失的热量，也可以在夏季减少热量的侵入。

(1)选用织物编织密致的窗帘。

(2)用反光的面料做窗帘的背衬以反射阳光。

(3)窗帘要做得紧合窗户。保证窗帘足够宽，能伸展至窗户两边。

(4)选用两端卷曲的窗帘横杆，使窗帘的边缘正好靠在墙上。

(5)保证窗帘长至窗户的下沿。如果可能，考虑购买落地式窗帘。

(6)如果您决定选用荷兰或罗马式窗帘，确保选取厚质、编织紧密的织物，且窗帘要紧合窗户大小。

(7)百叶窗（软带百叶窗、木质百叶窗）以及纵向的窗帘不是很好的隔热物。它们可以在夏季有效阻挡热量进入，但是不能在冬季很好地防止热量漏失。如果您生活在气候温和的地方，您可以使用这类窗帘。

气流从何而来？通过漏气孔及透风口漏失的热量平均占每户家庭热量散失的15%~25%。找出透风孔洞的所在，并封住它们：

窗户间及窗户周围的缝隙

门周围的缝隙

有缝和没有阀门的烟囱

在墙壁、地板、天花板、壁脚板及檐口的缝隙

地板之间的缝隙

管道和电话线的接口

排风扇

通气孔

安装射灯的孔

安装天花板吊灯的孔

安装空调和加热器的孔

3. 有关供热的基本指南

您为保持室内热量并更好地利用现有的供热系统所采取的措施属于被

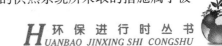

动性措施。并非所有的人都拥有设计良好的不需要额外供热系统的节能型住宅，也不是所有的人都有机会马上新建一个节能型住宅，所以我们需要借助供热系统在冬季取暖。

首先，您需要好好观察一下您的住宅、居住的人、使用住宅的方式，这些都会影响您的供热需求。例如，一个四口之家建新房时，可能会决定选择在许多房间内安装内嵌热源板或管道式供热系统，而一个租用公寓的单身人士可能会选用便携式加热器。

您不妨在想尽办法堵住透风口，加强了住宅的隔热效果后，再问问自己是否真的需要供热系统，或者已经采取的防护措施是否够用。其次，您要决定哪个房间需要经常供热，考虑房间大小、供热的频率及时间。如果可能，把供热的房间或区域与住宅的其他部分隔开，而且做好隔热措施。接下来就是要决定哪种供热系统最适合您的所需，更有利于环境且更经济。

4．提高供热效率的小提示

（1）穿毛衣！中央供热系统的发明并不是为了让您在冬季把恒温器调至25摄氏度，穿T恤衫。所以穿应季的衣服，而不要打开供热系统或提升供热温度。

（2）把恒温器设置在合理的温度（18摄氏度～20摄氏度）。因为温度的设定每提高1℃，能源消耗就会提升高达15%。

（3）定期清理供热管道或过滤器。这会使其更有效地运转，减少灰尘堆积及过敏源，而且可以减少火灾危险。

（4）如果您发现热量积聚在天花板周围，造成房间的下层很冷，那就安装一个吊扇让热空气流通。有反转功能的吊扇能使对流加热器供热效果更好。当风扇慢慢地反向转动时，柔和的向上气流就会随之产生。这就使堆在天花板的热气重新循环起来，并给整个房间提供更多热量。如果您住在两层楼的房子里，在冬季充分利用楼上的居住空间要比加热楼下的居室效果好：楼上会更暖和些，因为热气向上流动。

(5)只加热有人活动的房间。关闭不使用的房间内的加热管道。如果您只用一个房间，不妨使用便携式加热器。

(6)关闭有加热器房间的门窗。

5．基本的降温指南

希望拥有温暖舒适的冬季傍晚的同时，我们并不想度过热得够呛、无法入睡的夏季夜晚。夏季的舒适始于首先采取措施防止您的住宅获得热量，而不应该当住宅温度升高时才试着给居室降温。如果您的住宅隔热效果好且不受阳光的照射，您可能不需要额外的降温系统就可以不受热浪侵袭。

在夏季保持凉爽要做到以下几点：

(1)白天，拉上窗帘，特别是有阳光直射的地方。

(2)静止的空气会让人感到"更热"或更不舒适，安装天花板吊扇使空气流通。

(3)夜间，当屋外的气温低于室内温度时，拉开窗帘，打开窗户，让冷空气进入。但是，使用空调时不要开窗。

(4)如果您住在多层的住宅里，尽量待在较凉快的楼下。

(5)考虑给外层窗户安装窗帘或百叶窗。

(6)封住每个缝隙或漏风口。就如同冬季透风会让热量散失一样，这些缝隙也能在夏季让热气进入。

(7)电灯、洗碗机、做饭器具及甩干机都能产生热量。避免在一天中最热时使用这些电器。将衣服挂在室外或用折叠式晾衣架自然晾干，而不要用甩干机甩干衣物。

(8)在住宅周围种植遮阴植物给房顶和窗户遮阴。

(9)在住宅的南面放置临时的遮阴物、挂上遮阴布，或在藤架上种植落叶林、葡萄藤。

(10)避免在朝南的窗户外铺路，因为路面可能向住宅内反射大量的热和光，地面覆盖物、草坪、矮灌木及水貌建筑能帮助降低室外热空气的温度。

美
丽
的
地
球
家
园

6．有效降温的小提示

如果您确实需要使用额外的降温系统或空调：

（1）使用空调时，将门窗关闭。

（2）不要让家具或窗帘挡住空调出风口。

（3）关上房间内不使用的透风口，将有透风口的房间与住宅的其他房间隔开。

（4）定期清理过滤器及出风口。每年清洁一次冷凝器外线圈。

（5）如果您在潮湿的天气里使用蒸发热气式冷却机，则关闭供水系统，只开风扇。

（6）将恒温器设置在25摄氏度～27摄氏度。如同加热恒温器，温度设定每低1℃，运转耗费就会升高15%。

（7）少用空调。不要让空调整夜地运转或在您外出时还在运转。

（8）安装一个定时器或使用设定系统。

（9）在可能的地方使用便携式或个人风扇，特别是如果只有您一个人在家时。

（10）检查管道是否漏气。没有理由让耗用电能制造的冷空气漏出。

（11）寻找降温的其他方法。用冷水泡脚或者给自己喷点清爽剂。

 七、运用低碳照明方式

回收再利用一个玻璃瓶所节省的能源能让一个100瓦的白炽灯亮4个小时。照明费用完全可以减半，只要我们能充分利用日光、选择合适的灯具和灯泡，并记住在不用灯时关闭电灯。

1. 充分利用日光

人工灯源靠电驱动，不仅费钱而且产生温室气体。而日光却是免费又清洁的光源，还能给您的居室增添几分亮丽。在墙上打孔、安装新窗户或更大的窗户并不是更多地利用自然光的唯一方式，您也可以安装天窗或使用太阳能灯。

天窗

面积较大的传统型天窗实际上就是一种安装在建筑物顶层的窗户。当然天窗在提供额外光源的同时，也能导致冬季热量漏失、夏季热量获取。天窗也可能会增加屋顶压力，而且安装费比较贵。由于传统型天窗面积较大，所以并不是所有需要照明的地方都能安装。同样可以利用日光的现代太阳能灯管却非常容易安装，并可以完全改变暗淡且不吸引人的内室景致。

2. 太阳能灯管

太阳能灯管由一个建在屋顶外层的小圆顶（直径在25～40厘米），一个反射效果好且穿过房顶的灯管和位于房顶灯管末端的散光器组成。简单地说，太阳能灯管的作用就是收集室外的大量阳光并把

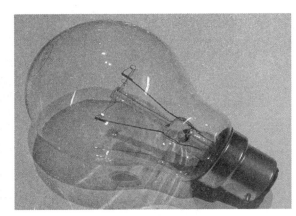

白炽灯泡

阳光反射回室内。它的好处是为您提供自然光的同时并不影响您的房间装饰风格，而且白天提供的照明是免费的。它不会产生一般白炽灯或卤素灯产生的热量，也不会像窗户或天窗一样让大量热量渗入。只需几个小时您就可以安装好太阳能灯管。许多型号的灯管还有阻挡太阳光中的紫外线A、紫外线B的设计。这种灯管不仅可以同排风扇一起安装在浴室、卫生间和厨房，也可以配合安装电灯器具以给您提供夜间照明。使用太阳能灯管是在独立间、洗衣间、走廊、浴室及住宅其他区域利用自然光极好的方法，这取决于您房间的面积和屋顶的位置，它可以为您提供相当于75瓦到300瓦白炽灯的亮度。

太阳能路灯

3. 提供夜间照明

有4种类型的人工灯源可以为您提供夜间照明，不仅点亮您的住宅，更重要的是能帮您看清自己在做什么。白炽灯照明，是用传统的灯泡照明。卤素灯也被大家经常使用。荧光灯管以及越来越流行的小型荧光灯灯泡用来提供荧光灯源。您也许偶

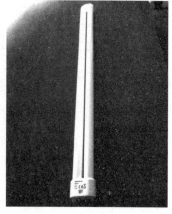

荧光灯

尔会看到以太阳能为能源的灯，常常用在与住宅有一定距离的室外，还伴有电路接线。

(1)白炽灯

白炽灯泡是过去最常见的家庭照明器具。灯泡多为透明、珠状的玻璃体，灯口有螺旋式及插入式。白炽灯提供的亮度有15瓦、25瓦、40瓦、60瓦、100瓦等几种。白炽灯泡价格便宜但耗电量大，且只能使用1000小时。耗能高、使用寿命短，造成使用这种灯的总

卤素灯

体费用很高。但是，它们可以用于有弱光功能的灯具。

(2)卤素灯

卤素灯耗用的电量是白炽灯的一半，但灯泡价格较贵些。尽管如此，这部分购买成本可以通过2000个小时的使用时间来补偿。卤素灯常常被用来照明特定的地方，比如油画或工作区，不用于一般照明。

(3)荧光灯

荧光灯

荧光灯的价格较贵，但能量的节省与较长的使用寿命极大地补偿了购买成本。产生同样的亮度，荧光灯耗能量只有白炽灯的1/4，且可持续使用8000个小时。

荧光灯管有长管、直管或环形管。常被用在车库、车间、厨房及商业和公共建筑中。小型荧光灯泡为插入式或螺旋式，这是为适应传统型灯具而设计，所以能替代普通的白炽灯灯泡。

频繁地开关荧光灯会影响它的寿命，所以这种灯不适于安装在卫生间

美
丽
的
地
球
家
园

或浴室。

(4)太阳能灯

太阳能灯顶部有吸收太阳能的装置，能够把白天的光转换成电并把它储存在电池内，而电池可以为夜间的电灯提供电能。所以一旦购买了太阳能灯，使用的电能是免费的。使用太阳能灯的另一个好处就是它不用与家庭供电系统连接，所以常被用于花园。您可以在五金店、花园设备店、太阳能设备专卖店或灯具商店购买到太阳能灯。

太阳能灯

4．设计并使用照明系统

选择合适的照明系统就像选择合适的灯泡一样重要。普通灯可为整个房间提供柔和的灯光；工作灯能在特定的地方提供高亮度的灯光。照明灯具的种类还有吊灯、壁灯、有多个灯泡的灯具。

吊灯垂挂在天花板，所以极适合为房间提供一般照明。安装在墙壁或天花板凹陷处的灯常被称为射灯。射灯提供的是明亮的光源而不是一般照明。为防止灯泡过热，有些射灯也常需要在天花板打通风口，这就成为气体渗漏的渠道，可能会降低住宅能源的使用效果。

下面我们来了解一些照明小提示吧！

(1)记住关闭房间内不使用的灯。

(2)听似理所当然，但记住白天打开窗帘而不要开灯。

(3)少用灯泡较多的灯具。

(4)如果您喜欢白炽灯温和的外观但又想省电，那就使用柔和色调的小型荧光灯。

（5）如果您正在粉刷房间，请记住，浅颜色反射光线、深颜色吸收光线。

（6）选用浅色的灯具或灯罩，这样就不会遮挡太多的光亮。

（7）不时地仔细清理一下您的固定式灯具和灯泡。灰尘的堆积会减少50%的光亮。

（8）为每个灯安装独立的开关，而不要用一个开关控制一系列的灯。这样您就可以控制使用灯的数量，减少多余照明造成的能量浪费。

（9）尽管射灯能营造漂亮的氛围，但提供一般照明所耗用的电量较多。在装饰性区域或工作区少用这种灯，比如餐椅、学习椅旁。

（10）能用弱光的地方用弱光，要知道低档（暗光）设置耗电量少。

（11）如果您希望前门廊或门外的灯持续照明，使用小型荧光灯。如果您只想在有人接近时亮灯，使用装有声控装置的白炽灯。这样灯只会在需要时点亮。

（12）在需要长时间照明的地方，比如厨房、客厅，使用小型荧光灯。减少频繁开关的次数会延长灯泡的使用寿命。在需要短暂照明的房间内装卤素灯或白炽灯，并安装有弱光控制功能的灯具。

八、营造绿色洗浴环境

营造绿色环保的浴室不仅涉及水的使用及硬件设施的问题，软件的使用也能像其他洗浴习惯一样对环境产生影响。以下是让浴室更加绿色环保的一般性提示。

（1）浴巾是浴室里的一种必需品，使用浴巾不会损害环境。选购用蔬菜汁剂漂染颜色，或者最好是没有染过颜色的有机棉制浴巾。对于用过的旧浴巾，可以将一般不太破旧的边缘部分改做手巾或洗脸擦，把其他部分剪下来做抹布。

（2）购买藤条、竹子或陶制的浴室附属用品而不要购买塑料制品。

美
丽
的
地
球
家
园

(3)安装陶瓷类的浴室固定装置，而不要用塑料或纤化玻璃，通常前者的使用寿命更长些而且保持水温时间也较长。

(4)避免购买包装过多的化妆用品或浴室用品。肥皂没必要进行独立包装。牙膏就是牙膏，不论是普通的管状包装还是耗用更多资源生产的泵压状包装。

(5)使用洗脸擦而不要用天然的或合成的海绵。天然海绵的获取扰乱了海洋环境，而合成海绵通常是由不可再生的塑料制成的。

(6)选用可循环使用的产品，而不要用一次性用品。例如，不要买一次性塑料剃须刀，而应该用可替换刀片的金属剃须刀。

(7)保持淋浴室或浴缸排水口干净，不要让肥皂碎片或头发堵塞管口，以此减少化学清洁剂的使用。如果可以，最好在排水口安装一个过滤器。

(8)天气不太冷的时候，不妨在您洗浴后打开窗户。这能让您的排风扇工作效果更佳，而且比较暖和干燥的天气可以不用电力驱动的排风扇就能完成风干浴室的工作。开窗换气还能有效防止霉菌的滋生，以防止室内空气质量的下降；霉菌也常常是过敏的原因，进而也可以减少除霉菌清洁剂的使用。

绿色浴室

(9)避免使用包装过多的除臭剂和防汗剂，特别是如果试剂中含铝，会涉及许多健康问题。岩石晶体除臭剂由矿物盐制成，是传统的除臭剂和抗汗剂的绿色替代品。

(10)清洁浴室后，用沾有桃仁油的布，擦拭淋浴室的玻璃或瓷砖。这可以形成良好的保护层，阻止因肥皂泡沫的堆积形成的浴室污垢，也就减少了您清洗淋浴室的次数。

第三章

营造低碳空间，
乐享低碳生活

一、规划出来的低碳城市

　　城市规划要有低碳理念，低碳城市是设计出来的。建筑密度、人口密度、建筑高度、城市植被、城市通风及城市交通都要为低碳城市模式创造条件。

　　建设低碳城市首先要明确低碳城市的内涵，对低碳城市进行概念界定。城市人口密度要适当高些，人口密度过低的城市不能支持公共交通，在空调方面消耗的能源也较多。

　　不要摊大饼式地蔓延城市，而要采用若干高密度的卫星城市，用快速大容量的公共交通系统与主城区相接。城区土地要混合利用，以减少城市空间人群移动所造成的运输能耗。

　　要改变城市单一中心的布局结构，形成多中心集约化的空间布局。从简单的几何学原理可以知道，同样的面积，圆的周长最短、即最紧凑，多中心集约化布局也就意味着提高了城市的效率。

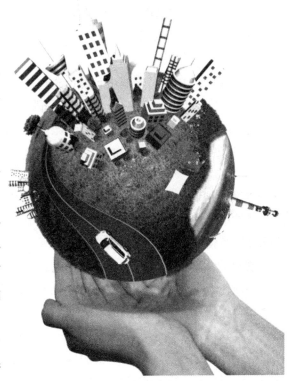

低碳城市宣传画

　　紧凑型城市发展理念值得借鉴。合理缩小建设用地空间，使市民的居住、商务与休闲需求通过公共交通、步行等交通方式就能得到基本满足。把更多空间留给城市农田、城市森林。

　　紧凑型城市发展理念不是建筑越高越好。特别在进行城市旧区改建时，要合理控制高层建筑，降低建筑密度，增加公共绿地，改善城市交通，完善基础设施，增强城市综合功能。

　　紧凑型城市并不意味着挤成一团，紧凑型城市是以中心城区为核心、以公共交通为发展轴，轴上串联次级中心的轴心结构。越近轴心，密度越高；越远离轴心，密度越低，越融入大自然。各轴间以田园、森林契入。空间距离虽增加了，但在轴线快速交通条件下，时间反而缩短了。城市是紧凑的，能源利用应得到最大限度地整合。

　　紧凑型城市发展理念要考虑人口分布。提升城市竞争力，需要人口规模的持续扩大。中国城市的基本特点是中心城区人口高度密集，郊区零星分散。

　　不合理的人口布局给城市基础设施和社会资源带来巨大压力，不利于城市功能分布和城市土地的合理利用。郊区人口分散，造成建设的规模效益不足，限制了郊区的城市化水平和吸纳人口的能力。

　　在各类资源和能源有限的形势下，城市空间的立体化和集约化已被普遍认为是高效率、可持续发展的正确方向。

　　以紧凑型城市为低碳城市的基本模式，本文提出了"单元城市"的概念。从城市空间、生态流、人流、物流、水流、气流、碳流等多个方面，优化设计低碳城市取得了明显的效果。

　　现存的常规城市，城市道路与房屋之间争夺土地。人们工作、学习和生活必须往返于住所和办公室之间，导致人流增加；同时，为满足建设、生活和管理的需要，物流也在不断增加。于是，交通工具和道路也随之增加。也就是说，路宽了，占用土地就多，居住必须更加远离城市中心。这样的话，连接这些房屋的道路就需增多。人与城市中心的距离越远，道路越多；道路越多，距离也越远。恶性循环不断上演。

　　其结果是，白天道路拥堵，房屋空置；晚上刚好反过来，房屋拥挤，道路闲置。

为了缓和这个矛盾，有人提出道路要建成立体多层，房屋盖成高楼大厦。如此一来导致城市中心区热岛效应严重。

世界上的文化名城都是国际化的，但同时都有自己文化的根源。在城市现代化的进程中，千万别丢了自己文化的特色。在这个问题上，不仅需要头脑清醒，更应当有所作为。

城市现代化要学习他人经验。并非一味模仿，简单照搬。20世纪中叶，俄式建筑影响了中国许多城市的规划。如今，摩天的水泥楼宇成了不少城市建设的模式。

璀璨多姿的城市建筑本身就是民族文化的一种展示。北京的四合院、上海的弄堂既体现了悠久的文明，又与当地的气候、地理、生活习俗相适应，内容与形式和谐统一。那些历经沧桑的建筑，凝聚着丰富的文化内涵，它们的价值将随着时间的推移与日俱增。

规划低碳城市还要考虑城市安全。自然灾害、重大安全事故，从不同侧面影响了城市安全，又从不同层面考验城市的抗风险能力和应急管理能力。我们不会忘记，一些灾区曾一度陷入了断电、断水、断通信、断交通的窘迫境地。

汶川大地震，数万人不幸罹难，汶川县城损毁严重，北川县城被夷为平地。专家说，重大伤亡的主因在于地震强度，但不恰当的城镇与人口布局、有限的交通和通信条件也是不可忽视的因素。

当恶劣的生存条件、薄弱的基础设施与高密度人口相结合时，灾难的冲击力会成倍放大。我们不能总埋怨灾害是"百年一遇"的，我们应该反思，城市化建设中的好大喜功、急功近利甚至敷衍了事是否存在过？

低碳城市规划还应结合城市所在区域的发展战略，降低高碳产业的发展速度，加快经济结构调整。要从源头上保证城市总体规划，符合向低碳城市的方向发展。

工业布局应低碳化、循环化。工业布局能够为城市的经济发展注入活力，提供就业机会，增加社会财富。要促进第三产业发展和新能源利用。

能源消耗要清洁、高效、低碳，实现低碳生产。最大限度地减少高碳能源的使用和二氧化碳的排放。

城市交通应该提倡低碳出行。通过改善基础设施，为自行车建造更多、更安全的专用道路及停车场，而让汽车的使用成本更高。由此，市区建大型停车

低碳城市——杭州

场，住宅小区建足够的停车位等也应该反思了。

 ## 二、小城镇低碳发展

大力发展小城镇是中国的基本国策，是中国推进城市化的重要途径。小城镇的规划布局明显不同于大中型城市，小城镇的建设应该是符合当地情况的。

近年来，中国以卫星城定位的新城层出不穷。

创建城市特色是开发新城的重要内容，也是开发新城的原则。然而，城市特色是历史的沉淀，是文化的积累。城市特色的形成需要在空间结构、道路、建筑形式等方面得到体现，这一点在新城开发时必须予以高度关注。

新城开发需要站在更高的角度上研究问题。新城作为一个有机的整体，通过有机联系的街道网络共同构筑生活空间。城市特色和活力来自于丰富资源的混合使用。

比如，新城应具有包括公共交通、私人交通、步行交通、自行车交通

等多种交通系统，使不同使用功能的区域有机地联系在一起，促进新城生活多元化。

除了大城市周边的新城以外，中国有不少小城镇。它们或奇山异水、风景秀丽，或历史悠久、人文胜迹众多，或邻近大城市，具有田园风光。在旅游热潮中，它们逐步被发掘、开发，并形成各具特色的旅游地。

旅游业发展促进小城镇的建设。要研究小城镇旅游发展的规模和潜力，研究旅游业对旅游接待役施的要求。在此基础上，制订小城镇总体规划，制订旧镇改造方案和计划。

有些旅游资源具有不可再生性，不加以保护或不合理开发，可能使旅游资源毁于一旦。

旅游是文化性很强的行为。城镇是区域文化的中心，浓缩了地方文化的精华。城镇是地方文化成就的集中体现，直接影响游客对旅游地形象的感知，直接或间接地影响到旅游地的美誉度。

历史悠久并保留众多古建筑的小城镇，本身就是珍贵的旅游资源。小城镇的建设风格和特色对旅游地形象的塑造、知名度的提高具有重要意义。旅游型小城镇建设不能只追求规模与速度，更不能缺乏对地方文化的提炼。

建筑是文化的主要载体。基于旅游的文化性，旅游型小城镇更应重视城镇建筑的文化性和品位。投入力量，加快城镇绿化、公园和小区建设。

旅游是食、住、行、

区域规划图

美丽的地球家园

购、娱的有机统一，在重视景点开发的同时，要加强旅游接待设施的建设与管理，提高旅游接待水平，提升旅游地形象，以增加创收的机会。

小城镇大多具有自然风光优势。古朴自然的农村风貌对来自城市的游客有相当大的吸引力，这也是许多旅游型小城镇的特色所在。要把农业及农村建设与旅游开发有机结合起来。

农村景观比城市景观贴近自然，城市游客对农村的生态性和自然性抱有很高的期望。旅游型小城镇应加强区域土地规划和整理，通过整理地块、植树造林，创造优美而富有现代气息的新农村景象。

在小镇规划建设方面，英国经验具有参考价值。在小城镇的开发和建设时，英国非常重视立法。国家为城镇的建设划线，为地方政府执行规划提供财政补贴。在不改变土地权属的前提下，规定土地用途不得随意改变，土地拥有者只能按规划使用土地。

优秀的规划具有很强的约束力，也有助于提高人们依法行事的自觉性。据介绍，英国没有人可以在规划外进行住宅、工厂和商业设施建设，基本农田得到有效保护。

在进行小城镇规划时，最重要的是吸收当地居民参与。他们最了解本地情况、最熟悉本地环境，最清楚怎样才能建设自己的城镇。山区如何泄洪、如何布置下水道、怎样安排公共交通等问题，当地居民最有发言权。

早期，英国的小城镇建设也曾经走过土地扩张的弯路，建筑物占用了最好的农田。如今，人们大多在考虑如何保存肥沃的农田，如何保存诸如河流、湖泊、小溪、沼泽、山坡、树林等各种环境资源。

为了满足居民当地就业的需求，在规划上特别要注意鼓励发展规模集镇。重点是产业发展和道路交通等基础设施，还包括商业、卫生、教育、污水处理等基本的社会服务项目。扩大小城镇的经济规模，提高居民收入。

邀请居民参与小城镇的规划设计，才能实现小城镇从地上长出来这一富有诗意的理想。希望这也能够成为中国小城镇规划的一种常态。

三、低碳化田园风光

　　低碳城市应该根据城市空间的总体布局，将基本农田与绿色隔离带和生态走廊规划相结合，基本农田可以部分纳入绿色空间系统。这是明智的城市低碳规划。

　　中国的多数城市分布在冲积平原或河谷平原地区，由于没有山地阻隔，中心城区大多呈摊大饼状持续外延，产生了一系列城市病，如空气污染严重、热岛效应明显、交通堵塞。城市越大，这个问题越严重。

　　由此，中国很早就强调，在城市主城区与城市边缘区之间建立绿化隔离带，阻止主城区的无限扩张。但是，问题并没有得到解决。北京主城区不断扩张，现已由三环路发展到五环路。上海原来规划以外环线为城区边界，但新规划的大虹桥商务区已经明显打破了界限。

　　随着主城区的外延，原先规划的绿化隔离区不断被蚕食、形同虚设。只有对绿化隔离带加大保护力度，才能实现城市合理的空间布局。

　　换一种思路，如果把这个绿化隔离带调换为基本农田，在国家基本农田不可逾越的强大威力下，则可能会起到绿化带所不能达到的效果。基本农田不仅具有限制城区无限扩展功能，而且具有生态功能和景观文化功能。

　　农田生态服务功能的价值总量接近于草地、阔叶林、灌木林和经济林。与相同面积的草木相比，农作物通过光合作用吸收的二氧化碳和释放的氧气要多得多。

　　农田是一种自然与人文的复合景观，反映了城市所在地区的历史与特色。春天绿油油的麦苗和灿烂的油菜花、盛夏的玉米青纱帐、秋天的金色稻浪是多么美丽诱人的景色啊！

　　如果根据用地现状，保持原有的水面和耕地的肌理、做一些人为的修饰，则可作为一个城市的绿色开敞空间，为居民提供一个日常活动的娱乐场所。

另外，将农田作为城市画面中的"留白"，可以有效补充人工植被，使城市绿化与农田相连，提高城市的综合生态效益。城市中，农田不仅具有对水文和大气质量、温度、湿度等环境的改善作用，而且具有增强绿化带内物种和景观多样性的作用。

日本东京在这方面做了有益的尝试。市内保留了几处面积大于5公顷的片状耕地和许多面积不大的点状耕地。这些农田镶嵌在大城市中，不仅为市民提供生活所需的优质农产品，而且发挥着绿化环境、改善城市生态的作用。

低碳的田园风光

农田融入城市是理想的城市布局。在布局规划时应尊重原有的地理、文化和历史，将农村和城市作为统一体来考虑。

该规划保留了大量的基本农田，并进行现代的农业改造。保留当地特有的万亩老梨树，并保留部分道路。也充分考虑区域中的农业、农村、农民问题，实现城乡统筹发展。计划培训当地农民，在祖辈传下来的土地上创造新的价值。

农田融入城市是人类对自然的回归，是城乡一体化的战略。决策者要从生态战略高度规划都市里的农村，推广社区农业化，保留特色农业生态系统，完善农产品供应链，使农田漫布于城市之中，促进城市的生态文明建设。

30年前，北京的二环和三环之间还有农田，上海的浦东也是农田。城市扩张了，农田就该让位，这似乎顺理成章。但是，为什么不能在市内留下一些农田呢？

以前，一提起农田、农民、农村，脑子里的第一反应可能就是苦。今天，人们的生活方式、趣味都在改变，能在城郊拥有一块农田，回归一下自耕的农业文明生活，是一种享受，也代表一种生活层次。

日本的媒体报道，城市里的上班族厌倦大都市生活，怀念农村的田园生活。他们周末跑到农庄，当周末农夫，渴望有机会解脱、放松一下。农民看准这个市场，把自家田地和农舍适当改造，租给这些周末农夫，收入不薄，实现了双赢。

听说美国人也有另外一种活法。有些市民买菜很少去超市，而去农场，亲眼看自己买的菜是怎么种出来的，听主人讲解种植过程。这样既有机会体会农家生活，又对自己买的东西放心。

据报载，有居住者在白宫种菜。从低碳城市的角度讲，这表达了城市土地利用方式的改变，因为土壤是巨大的碳汇。从另一个角度讲，华盛顿如果没有考虑城市的"留白"，住在白宫的人也只能吃远距离运送来的蔬菜。高碳排放不提，其安全保障问题肯定需要白宫一笔不小的开支。

市民菜园的提法源于德国。它是由几十个约几百平方米的农田组成，一般由自治体来经营。使用者可以租一块农田，其中有一个小屋，

美
丽
的
地
球
家
园

放置栽培植物所需的工具以及休息用的桌椅和简单炊具。在这里，人们有机会回归自然。

谁都明白，城里的一块农田不管怎么珍贵，也不如建五星饭店、办公楼、豪华公寓赚钱多。但从长远看，如果这些农田都在城市的扩张中消失，城市就失去了文化，失去了后现代社会所要求的品位，城市的整体价值最终会下降。

蔬菜、粮食可以从外地运来，你也可以饮用瓶装水，但是，人类需要的"绿树林阴、鸟语花香、清水长流、鱼跃草茂"的生态环境是运送不来的。

四、低碳农村和谐发展之路

农村引入低碳理念，对指导农村建设具有重要的现实意义。低碳理念是人类进行经济活动和社会活动的基本价值观，其本质包括低碳环境、经济、社会的可持续发展，人与自然的和谐发展，不仅要有利于当代人类生存发展，还要为后代留下足够的发展空间。因此，低碳农村建设具有重要的现实和历史意义。

1. 有利于促进社会整体的全面进步

随着社会的不断发展与进步，粗放型农业生产方式越来越不能满足人们对农产品生态、安全的需求和对环境生态无污染的渴望，因而，建设低碳农村是实现人类更高生活品质的保证。

2. 有利于促进国民经济的可持续发展

控制农业源头污染，降低对化肥、农药的依赖，治理农产品加工污染，能够改善广大农民的居住环境，促进农村经济的可持续发展。建设低碳农村，减少自然资源过度消耗、农业生产过度开垦、乱砍滥伐、过度放牧、过度捕捞等，对于缓解气候变化问题有着重要意义。

3．有利于促进人与自然的和谐共处

合理有效地利用各项资源，平衡农村低碳生产与低碳生活，能使经济发展和环境保护进入一个良性循环的状态。人类生产生活的低碳、生态、环保意识的确立和深化，必将推动低碳领域的产业循环发展，促进人与自然的友好共生。

4．有利于生态环境的自我修复

低碳农村建设过程中要尽量减少人类对自然环境的人为干扰，让自然界依靠生态系统的自我调节与自我组织功能向有序的方向演化。利用生态系统的这种自我恢复能力，能够使遭到破坏的自然环境逐步恢复并向良性循环方向发展。

低碳农业经济形态已存在于世界各国的广阔农村之中，形态各异的低碳农村经济建设体现在多种经营模式中，其主要特征如下。

（1）低碳环保的农业生产用品

农业生产是农村发展的重要环节，因此，农业生产用品的低碳环保则是低碳农村的核心特征，其中包括：用农家肥替代化肥，用生物农药、生物治虫替代化学农药，用可降解农膜替代不可降解农膜，开展测土配方施肥和平衡施肥等。

（2）先进的低碳种植与养殖技术

种植业和养殖业是农村发展的两大支柱产业，所以，先进的生态立体种植和养殖技术的提高对于低碳农村建设至关重要，这种生态立体种植和养殖技术可以充分利用土地、阳光、空气、水，并能拓展生物生长空间。

（3）多样化的清洁能源结构

农村生活和生产过程中也离不开能源。传统农村的能源主要以积炭能源为主，而低碳农村的能源则呈现多样化的结构和清洁性的特征，其

中多样化体现在风力发电、秸秆发电、秸秆气化、沼气、太阳能等的利用，而清洁性则主要是指这些能源在使用过程中对环境造成较少的污染或无污染。

低碳农村的概念最早于1924年在欧洲兴起，20世纪三四十年代在瑞士、英国、日本等国得到发展，60年代欧洲的许多农场转向生态耕作，70年代末东南亚地区开始研究生态农村，至20世纪90年代，低碳农村建设在世界各国均有了较大发展。目前建设低碳农村、走可持续发展的道路已成为世界各国农业发展的共同选择。

农业现代化大生产给世界自然环境带来灾难性的破坏，世界自然基金会和国际有机农业运动联合会等机构一直致力于帮助各国农民，结合当地自然资源和产物特点，引导各国农民进行低碳农村建设。

日本于20世纪70年代提出了低碳农村的概念。其低碳农村发展经历了强调农产品（加工品）质量安全和农村低碳环境质量安全的两个阶段。多年来，日本政府出台多项政策，采取多种方式，鼓励低碳农村的发展。对拥有0.3平方千米以上的耕地、年收入50万日元以上的农户，在本人申请后，经审查合格，可确定为环保型农户。对这些环保型农户，银行可提供额度不等的无息贷款，贷款时间最长可达12年。在购置农村基本建设设施上，政府或农业协会可提供50%的资金扶持，第一年在税收上可减免7%～30%，以后的2—3年内还可酌情减免税收。

高新低碳技术是发展低碳农村的关键，有关部门对形成一定规模和技术水平较高、经营效益较好的环保型农户，可将其作为农民技术培训基地、有机食品的示范基地、低碳农业观光旅游基地，以发挥其为社会全方位服务的功能。与此同时，全国设有专门的低碳农村研究机构，很多大学也设有低碳农业研究中心，这些机构都为低碳农业提供技术支持，其研究的成果非常有效。

日本发展低碳农村的形式多种多样，主要有：

(1)再生利用型。即通过充分利用土地的有机资源，对农业废弃物进行再生利用，减少环境负荷。

(2)有机农业型。即在生产中遵循自然规律，协调种植业和养殖业的平衡，采用一系列可持续发展的农业技术，维持农业生产过程的持续、稳定。

(3)稻作—畜产—水产三位一体型。即在水田种植稻米、养鸭、养鱼和繁殖固氮蓝藻的同时，形成稻作畜产和水产的水田低碳循环可持续发展模式。

(4)畜禽—稻作—沼气型。即农作物的秸秆经过加工用做家养畜禽的饲料，其与家养动物的粪便都可以作为沼气的原料，沼气又可以为大棚作物提供热源。这样，既可以实现低碳的均衡，又能实现经济效益。

农村在进行住宅建筑时，推广草砖、秸秆等建造节能材料，既方便就地取材，又可以节约建筑成本。大量的农作物废弃物稻秸、草甸草、秸秆、湿地芦苇等都可以用做建筑墙体原料，这样就可以节约建筑材料和减少建筑废弃物排放；同时用稻草砖、秸秆作为墙体材料的建筑冬暖夏凉，可以大幅度降低燃煤用量。低碳农村建筑材料的使用可以带动草砖、秸秆、草板的加工设备生产和加工企业的形成与产业发展，促进农村经济、社会、低碳和环境建设。据统计，冬季每户可节煤40%以上，具有较好的保暖效果。这种措施既可以提高住宅舒适度，又可以减少空气中碳、硫的排放，能有效改善农村居住环境。

千百年来，我国农村的能源主要是秸秆、煤炭，碳排放量惊人；低碳能源在农村的导入，可以在减少碳排放量的同时间接增加农民的收入。结合农业生产与生活实际情况，主要采用能源综合利用的方法解决农村能源供应问题。农民可以选择不同的能源方式解决生活和生产过程中的能源供给问题。低碳能源实现途径主要有生物能源、太阳能利用、风能利用、水力发电、地热能利用。目前，太阳能、沼气和地热能的利用在中国是最普遍的，也是最经济、最有效的能源采集方法。

以沼气为纽带的种植、养殖技术是具有中国特色的低碳农村建设模式。低碳农村建设要求农村发展与农村资源、环境保护与低碳产业协调发展，强调因地、因时制宜，合理布局农村生产力。适应最佳低碳环境，实现优质、高产、高效，兼顾快速发展与环境资源保护的双重目标，是我国农村现代化的必然选择。沼气通过发挥综合作用，成为低

碳农村建设的重要环节，农村沼气建设把粪便、秸秆、生活垃圾这"三废"转化为肥料、饲料、燃料这"三料"，以其形成的经济、生态、社会这"三益"来引导农民转变生产、生活方式，达到生产、生活、生态"三生"的良性循环，促进了资源节约型、环境友好型低碳农村建设。

作为农业大国，低碳水产养殖业是中国低碳农村建设的重要组成部分，主要有淡水养殖和海水养殖。作为世界上唯一水产养殖产量高于捕捞产量的国家，2000年水产养殖产量高达2578万吨，占全国渔业总产量(4279万吨)的60.2%。低碳农业并不是只停留在政府的规划层面，不少农村已经在实施低碳农业发展模式，践行低碳生活方式。相信在大家的努力下，一个崭新的低碳农村新格局就会展现在世人的面前！

五、低碳空间的吃、住、行

随着社会的发展，人类的工作时间日趋减少，休闲时间不断增加。与之相随的是休闲生活空间的建构，即生活空间休闲化及休闲空间增大。

回归家庭，看电视、上网、养鱼、种花等成了人们生活中主要的消遣、娱乐活动，住宅空间出现休闲化趋向。除了住宅空间的休闲化，商业空间也出现了休闲化趋向，多样化、人性化的空间设计和装饰设施，使商场充满了休闲的特征和色彩。

在信息时代，电脑与网络不仅是工作的工具，也是娱乐的工具。这将导致工作与休闲、学习与休闲之间的界限日益模糊。在工作、学习中休闲与在休闲中工作、学习，可能成为多数人的生活方式。

社会休闲化导致了剧院、茶馆、酒店、咖啡厅及公园等休闲娱乐空间大量涌现，引起了区域与城市空间的重组和再造。

人与空间存在着两种基本关系，一是占有和使用，二是欣赏和体验。前者满足人类生存、生活必需的物质要求，后者满足人类的精神需要。

进入信息时代以后，生存的生活方式逐渐被体验的生活方式所取代。生活空间也从强调实用安全的生存空间转向注重审美和精神感受的体验空间。

体验生活空间的形成与体验经济的发展分不开。体验经济是指有意识地以商品为载体、以服务为手段，使消费者与消费对象融为一体的活动。

美国的拉斯维加斯是世界上最大的体验经济中心，在那里，人类消费的不仅是传统意义上的商品或服务，而是一种经过精心设计的体验，且可以留下难以忘却的愉悦记忆。

空间体验也是一种体验方式。空间本身也可以成为重要的消费和体验对象。在信息时代，空间消费已成为一种普遍的社会现象。在消费过程中，人类关注的不仅是空间的使用效果，还包括空间的审美和精神感受，也就是空间的欣赏和体验的效果。

有一些空间已经没有任何实用价值和功能，只有欣赏和体验价值。例如，一个文物景点或一座历史文化城镇，它们几乎与我们的日常生活没有太大关系，其所能够提供的只是一种空间氛围，一种风格情调，一种记忆和体验。

当体验逐渐成为人类生活的一部分时，建构体验生活空间也就成为必要。如果说休闲生活空间的出现反映了人类生活空间使用价值的转变，那么，体验生活空间的形成则反映了人类生活品位的转变。

有一句话说，学习为了工作，学习才能工作，学习就是工作。每个人都必须不断地学习，才能适应工作、生活及社会发展的需要，学习已演变成一种重要的生存概念和生活方式，成为一种提升生存境界和生活质量的必要途径。

学习空间的形成表明，学习将构成信息时代人类生活空间的又一核心。其表现形式是生活空间学习化及学习空间专门化。

技术进步使得人们可以在人类生活的所有空间中学习，即生活空间学习化。住宅不仅是休闲娱乐的场所，也是一个学习的场所。电视、网络为人类提供了无尽的知识和信息，使得人类在生活中学习、在学习中

美
丽
的
地
球
家
园

未来数字化世界

生活成为现实。

　　随着学习化社会的来临，文化中心、研究所、图书馆、博物院等也成为信息时代发展最快、增长迅猛的生活空间。

　　数字化已渗透到人类生活的各个领域。数字化空间的出现使人类自身的生存与发展彻底摆脱了时空的限制和束缚，并从根本上改变了人类的时空观念。

　　在现实中，空间与空间之间的联系，往往受到各种自然和人为因素的限制和阻隔，同时还受到运输与时间成本的制约。而在数字化空间中，任何两点之间都能实现自由对接。它是一种真正意义上的高效、平等和交互式的空间关系。

在现实中，空间的发展是不平衡的，这导致了各种中心的存在和发展。现实社会生活总是围绕着这些中心进行。在数字化世界里，每个人都能平等、自由地参与网络行动，中心已经不重要，非中心是其特征。

数字化空间已不再是一种虚拟的空间，网上可以购物、娱乐、交流，甚至建立起网上的虚拟社会、虚拟社区、虚拟家园。网络也不仅仅是一种技术，而是一种生存和生活的方式，一种交往和体验的方式。

低碳生活空间与低碳城市相关。低碳城市倡导节能、环保、健康和可持续的生活方式。低碳生活方式不仅体现在人类日常生活的饮食、起居、消费等方面，也体现在居住、出行等生活空间方式方面。

低碳生活空间是根据人与自然协调发展的原则建构起来的。它主张对居住、购物、工作和娱乐等生活场所进行集中布局，以实现土地、资源和能源等的集约化。

低碳生活空间的营造尽量运用低碳建筑技术，采用低碳建材，室内尽量采用自然光和自然通风，少用高能耗的空调、照明等人工系统，重视环境保护。

低碳生活空间尽量采取紧凑布局，反对城市的无限蔓延，反对居住与工作之间的远距离分布。低碳生活空间倡导步行和自行车等交通方式，主张发展公共汽车、轨道交通，以减少对私人小汽车的依赖。

专家提出的"单元城市"概念，提议城市空间规划应该以步行社区为基本单元，每个社区合理的人口分布为1.5万～2.5万人，每个家庭或者办公室到社区单元中心的步行时间不超过5分钟。单元城市配有较完善的公共服务设施，以及水、能源、物质的单元配送系统。

单元城市可由若干个规模不等的社区单元组成，各社区单元之间以轨道交通相连，轨道交通站点与社区单元相连。这是一个既体现科技文明，又能保持人与自然和谐发展的理想的城市空间布局方式。

工业化和城市化消灭了地域性，改变了人类社会的生活方式和生活空间。个人的生活空间被淹没在社会化和标准化的浪潮中。

人们发现自己与身边许多人住在同样的住宅里，在同样的标准化厂房内工作，在同一个商场里购物，在同一个公园里游憩，开同样的车，骑同样的自行车。这些活动每天都发生在相近或相同的时间内，生活空间的个性逐渐消失。

于是，标准化的生产逐渐被小批量的个性化生产所取代。标准化的工作程序和严格的作息时间安排让位于灵活、弹性的工作制度。消费不仅成为一种生活方式，也是人类相互区别、彰显个性的一种社会符号。

家庭规模的不断减小和组织形式的多样化，为个人生活空间的发展创造了必要的社会条件。而社会服务化和弹性工作制的实施，也使得人类的就业与工作方式更趋于灵活多样。

知识经济与网络经济的崛起也直接推动了工作、生活个性化的发展，使个人按照自己的方式在家里工作成为可能。

对于空间，从强调占有和使用到注重欣赏和体验的转向，是促进生活空间个性化发展的重要因素。因为欣赏或体验都是对生活空间的感受，这种感受来自个人的心境，是内在的、存在于每个人心中的、完全个性化的东西。

数字化技术的发展对个性化生活空间方式的形成具有十分重要的推动作用。教育、医疗、媒体等工业时代形成的大众化的社会生活存在，借助于数字化的技术，将可以转化成个人化的生活内容。人类可以不依赖特定的时空，自由地选择组合工作和居住等生活空间。

在数字化的空间中，人的个性可以得到充分发挥、释放和张扬，数字化生活空间也是一种个性化的生活空间方式。

六、人+自然+和谐=美丽城市

美丽的低碳城市，既不是大广场和高架桥，也不是一平二直的马路，更不是豪宅加高楼大厦。低碳城市的美丽，在于它的内涵：人+自然+和谐=美丽。

建设低碳城市就应该根据城市所在区域的文化特质和气候、地形地貌、植被等，进行最佳的艺术设计精雕细琢，实现人与自然和谐共生。只有这样，才有可能造就一座美丽的低碳城市。

美丽的低碳城市

美丽城市要做到文化和谐。城市的开发规划要围绕本地的特色文化展开，并适当吸收外来文化成果，将它们融入本地文化中去，而不是简单地堆砌或粘贴。没有自己文化的城市不是美丽的城市。

美丽城市的秩序要公平和谐，城市里没有贫民窟，没有暴力团。城市社会依靠公平的规则运转，社会秩序不稳、建立在掠夺平民利益基础上的城市是不美的。

美丽城市要按照自然地理条件进行科学规划，而不是毁林取土取石，填农田填湿地。城市如果建立在破坏生态、破坏自然地貌、污染环境和污染视觉空间的基础上，它就不是一座美丽的城市。

关于"美"，中华传统文化主张顺应自然是最大的美。顺应自然就需要"无为"。无为是指人类按照天地万物的自然本性，采取适应的行为，道法自然。无为不是一味地排除人为，而是排斥那种违背自然、随意强加妄为的人为。

无为实质上要求人们遵循事物内在的法则，按规律办事。天道自然无为，人道若应顺从天道，就能"无为而无不为"。

无为而无不为是道的最高境界。道家主张以自然无为的态度去对待万物。因为万物在天然的状态下本来就各有自然本性，如果人类强行并且按照自己的意志去改变万物的自然状态，就会对给万物造成损害和破坏，这样就不美了。

顺应自然，就必须做到知足不辱、知止不殆。人类最大的祸患莫过于不知满足，最大的罪过莫过于贪得无厌。凡事都有一个度，只有知足，才能满足；只有适可而止，才能避免祸患。

高明的人，明白自己的行为应当止步于自己所不知道的地方。自然秩序之所以被破坏，就在于人们不知其所止。他们只追求自己所不知道的，由此，扰乱了日月的光辉，耗竭了山川的精华，扰乱了四季的交替。

天地万物都具有自然朴素之美，这种天然的美才是真美，朴素则天下莫能与之争美。朴即是真，是未加雕琢的事物的本态。

自然不是不要工巧，而是由工而拙的最高的艺术境界。绚烂至极，

人+自然+和谐=美丽城市

归于平淡，大巧如拙。看似不经意，实则是经过精心的构思和提炼、精湛的艺术功夫以朴实的自然形式表现出来。这种艺术的自然美正是大巧之后的返璞归真。

在天地宇宙中，地球无声地运转、日月无语地升落、季节无言地交替，永远不会停止，也永远不会紊乱，这都是自然规律。一切事物都有自己的规律，人类无须大动干戈地干预，应以无为应对。

符合自然的美是最高境界的美，而这种最高境界的美是无形的。有形的部分是局部的、有限的，无形的部分才是全体的和无限的。无形的美靠欣赏者的想象去填补。美尤其存在于未表现而含蓄无穷的部分。

创作者为了调动欣赏者的审美积极性，往往有意识地写少一点、曲一点，含蓄一点、朦胧一点。含蓄是中国古典美学追求的目标。

审美与物质世界无关，审美是纯精神世界里的事。庄子认为，只有在审美过程中排斥一切功利目的，才能在无穷的宇宙间找到一种逍遥自

在、适意自得的艺术人生境界。人在精神上没有羁绊，不为物累、不为己累，才能获得自由解放，在超越世俗的审美观中获得美的享受。

留意于物的心态是功利的，它以占有为目的；寓意于物的心态是审美的，它以欣赏为目的。当人把外物当做欣赏的对象而非攫取的对象时，人的心灵就净化了，精神就升华了，情操就高尚了，审美的社会价值也就实现了。

用人＋自然＋和谐＝美丽的审美观去建设我们的城市，虽然会有难度，但是经过大家的共同努力，相信这一理想一定会成为现实，我们一定会拥有这样的美丽城市。

第四章

我们低碳，让地球不再"低叹"

一、共同应对人类和地球的困境

翻开近200年世界人口增长的历史，人口增长之快，不能不令人感到惊讶。

1800年，世界人口约为10亿，这是人类用两三百万年的时间进化、繁衍的结果。1940年，世界人口翻了一番，为20亿，时间用了140年。1960年，世界人口为30亿，增加10亿人，用了20年的时间。1974年，世界人口为40亿，增加10亿人用了14年的时间，之后每增加10亿人的时间减少1年，到1999年，世界人口已达到60亿。目前，世界人口已达到66亿。

根据预测，到2013年，世界人口将达到70亿；2028年将达到80亿；2054年将达到90亿。

人口的急剧增长将带来一系列问题。

首先是粮食短缺。从1950年到1984年，由于农业科技的发展和土地开垦，世界粮食的增长曾经远远超过了人口的增长速度。此后，粮食的增长便落后于人口的增长，世界面临着粮食危机。世界粮食产量已多年停留在20亿～21亿吨左右，世界粮食库存自1986年以来，由可供世界人口消费130多天下降到只够消费50多天。2008年发生的世界范围的粮食危机涉及世界66亿人口的一半以上，即30多亿人口，有20多个粮食主产国和30多个缺粮国均受到了不同程度的影响，有21个粮食出口国采取了限制粮食出口的措施，有12个严重缺粮国引发了社会骚乱。肯尼亚被迫宣布粮食危机为国家灾

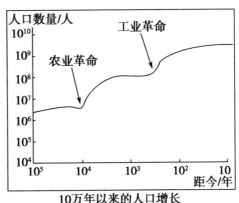

10万年以来的人口增长

地球人口增长示意图

难，全国进入紧急状态。目前，世界约有8亿多人处于贫困和饥饿状态。

与粮食增减密切相关的是耕地问题。当20世纪中叶，世界耕地增加了19%时，而世界人口却增长了132%。许多国家面临着粮食不能自给自足的危机。例如，人口增长较快的巴基斯坦、尼日利亚、埃塞俄比亚等国家，在人口增长的同时，人均耕地面积减少了40%～50%。根据预测，到2050年，这些国家的人均耕地将进一步减少60%～70%，实际情况将是人均耕地面积仅为300～600平方米。如此少的人均耕地面积，怎能养活一个人的生存！

土地是人类赖以生存的物质基础，在人类的食物来源中，来自耕地上的农作物占88%，草原和牧区提供了人类食物的10%，海洋提供了2%。目前，全球适于人类耕种的土地约

肯尼亚粮食危机

1.37×10^9公顷，人均约0.26公顷。但由于非农用地的增加、土地荒漠化、水土流失、土壤污染等原因，导致人口增加与土地资源减少的矛盾越来越突出，人口增长对土地的压力越来越大。目前全球大约有5亿人口处于超土地承载力的状态下。

人口的增加还带来了能源短缺甚至能源危机。随着社会经济的快速发展，人类对能源的需求量越来越大。据统计，1850—1950年的100年间，世界能源消耗年均增长率为2%。而20世纪60年代以后，发达国家能源消耗年均增长率为4%～10%。现在能源危机已成为一个世界性的问题。据估

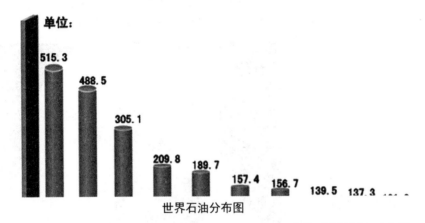

世界十大产油国

单位：

515.3
488.5
305.1
209.8
189.7
157.4
156.7
139.5
137.3

世界石油分布图

计，全球石油储藏量的总数约为7010亿桶，而石油的消耗量是巨大的，例如沙特阿拉伯每年出产石油可达300亿桶，而石油的消耗量是巨大的。可以说，世界有丰富的石油资源，但石油总有一天会穷尽。

为了满足人口和经济增长对能源的需求，人们除了使用矿物燃料外，还利用木材、秸秆等作能源。在发展中国家，燃料有90%来自森林，因此对森林资源的破坏日益严重。

人口的增长带来的不仅仅是环境压力问题，而是多方面的，例如城市交通拥挤、居住紧张、就业压力增大等等。

地球不仅伤痕累累，同时它还背负着沉重的包袱在运转，66亿人口已将地球压得喘不过气来。人类已站在进一步向前发展的十字路口。

当我们回顾200年来世界人口的增长时，让我们再看一看地球生物的灭绝情况。

1800年，正是工业革命开始的阶段，与此同时，地球也进入了一个大规模物种灭绝的时代。有人把这一次地球生物的灭绝称之为第六次物种灭绝。

美丽的地球家园

与之相比较，前五次的物种灭绝属于自然灭绝。

第一次，发生在距今4.4亿年前，约有85%的物种灭绝。

第二次，发生在距今约3.65亿年前，主要是大量海洋生物灭绝。

第三次，发生在距今约2.5亿年前，约有96%的物种灭绝。

第四次，发生在距今1.85亿年前，约有80%的爬行动物灭绝。

第五次，发生在6500万年前，统治地球长达1.6亿年的恐龙灭绝。

对比地质历史时期的五次物种灭绝，近200年来物种的灭绝速度提高了100至1000倍。

有人预测，如果按照现在每小时有3个物种灭绝的速度，同样到2050年，地球上将有1/4的物种将会灭绝或濒临灭绝。这绝非危言耸听。

许多人都知道，近两千年来，约有110多种兽类和130多种鸟类灭绝了，其中1／3的物种是在19世纪以前灭绝的，另1／3是19世纪期间灭绝的，还有1／3是在最近50年中灭绝的。十几年前，地球上平均每4天就有一种动物灭绝；而

旅鸽

现在，每4小时就有一种动物灭绝。

　　举两个典型例子。地球上最后一只旅鸽于1914年在美国辛辛那提动物园中死去。然而，在一百多年前，北美大陆还生活着大约50亿只旅鸽。有一个俱乐部组织成员进行捕鸟比赛，一周内捕杀5万只旅鸽，有人一天可捕杀500只。有鸟类学家曾预言，旅鸽是不会被人类灭绝的。给旅鸽带来灭顶之灾的，是人类对美食的欲望。

　　2006年，一个由包括我国科学家在内的6国科学家组成的联合调查组在长江进行了为期38天的寻找白鳍豚行动。他们运用先进的监测仪器和分析方法，在长江的宜昌至上海段，进行了长达3000多千米的来回的大规模考察，却始终没有发现白鳍豚的踪影。最后，科学家们遗憾地宣布，白鳍豚可能已经灭绝。一种讨人喜欢的鲸类动物，就在我们的眼前消失。

　　面对人口的急剧增长和日益严重的环境恶化与物种灭绝，一些世界组织和媒体不断发出警告。

白鳍豚

联合国环境规划署已经发布第四版的《全球环境展望》报告。报告的结论是，自1987年以来的20年间，人类消耗地球资源的速度已经将人类的生存环境置于岌岌可危的境地。报告分别对大气、土地、水和生物多样性进行评估，并在评估的基础上对各地区以及全球环境进行分析和预测。报告指出，环境变化的威胁是目前最迫在眉睫的问题之一，人类社会必须在21世纪中叶之前大幅度减少温室气体的排放。因为温室效应已经对整个地球环境造成了极大的威胁。报告指出，由于全球人口的膨胀，地球的生态承载力已经超支三分之一，例如人类对农田的灌溉已经消耗了70%的可用水。预计到2025年前，发展中国家的淡水使用量还将增长50%、发达国家将增长18%。水危机正制约着许多国家和地区经济的正常发展，同时也对一些野生动物的生存构成威胁。

德国《明镜》周刊的文章标题极为醒目：《大规模死亡》。文章引用两位生物学家的话说："也许有一天回首往事时，我们会这样认为，所有这些物种的消失是比20世纪发生的两次世界大战都严重的事情。"文章指出：毫无疑问，在新千年的第一个百年，物种大规模死亡对地球生存是个威胁，众多物种在如此短的时间内从地球上消失，这在过去几乎是没有过的。物种灭绝的速度远远超过了它们原来在自然进化过程中灭亡的速度，这一切都应该引起我们的警醒。

二、缩小我们的"生态足迹"

地球的自然资源是人类赖以生存和发展的物质基础。一个国家、一个地区，对自然资源的利用和破坏情况如何，仅仅用文字描述是难以提供准确的科学依据的。为了科学地评估人类活动对环境资源承载力的影响，科学家提出了用"生态足迹"的方法来进行评价。

生态足迹也称生态占用，它是指维持某一地区人口的现有生活水平，所需要的一定面积的可生产土地和水域。例如一个人对粮食的消费量，可以转换为生产这些粮食所需要的耕地面积；他所排放的二氧化碳的量，可以转换为吸收这些二氧化碳所需要的森林、草地或农田的面积。因此，这种表示方式可以形象地理解为一只负载着人类的大脚踏在地球上时留下的脚印。任何自然生态系统中资源的数量总是有限的，因此，任何生态系统只能承受一定数量的生物，包括人在内，否则将导致整个生态系统的破坏。通过生态足迹的计算，我们可以知道某一地区、某一城市甚至某一国家，为了维持目前的生活水平所需要的可生产土地和水域的面积，它的值越高，表示人类对生态环境的破坏越重。

地球上的每个人都会留有生态足迹，也就是说消耗一定量的自然资源并产生废物。根据计算，目前我们的消耗已经超出地球的生物承载力，因此我们需要1.2个地球来承载，如果所有国家都以发达国家的消耗模式为样本来消耗资源，我们将需要3个地球！

例如，通过分析计算我们知道，我国合肥市生态足迹近年呈上升趋势，并且大大高于当地的生态承载力，人均生态赤字由2000年的1.7041公顷增长到2004年的2.10108公顷。2004年，山东省人均生态足迹为8.904公顷，人均生态承载力为0.424公顷，人均生态赤字为8.480公顷。

生态学家曾对世界上52个国家和地区1997年的生态足迹进行了研究计算，全球平均人均生态足迹为2.8公顷，全球人均生态赤字为0.8公顷。在这52个国家和地区中，有35个国家和地区存在生态赤字，只有12个国家和地区的人均生态足迹低于全球人均生态承载力。

1997年，我国的人均生态足迹为1.2公顷，人均生态承载力仅为0.8公顷，人均生态赤字为0.4公顷。

为了使各个国家对自然资源的占用情况"有账可查"，2004年，世界自然基金会发布了《2004地球生态报告》，在这个报告中用"生态足迹"这一指标列出了一份"大脚名单"。在这份名单上，阿联酋以高水平的物质生活和石油开采居于榜首，人均生态足迹达9.9公顷，是全球平均水平（2.2公顷）的4.5倍；美国和科威特人均生态足迹9.5公顷，排在第二位；阿富汗则以人均0.3公顷位居末位。

在这份"大脚名单"中，中国排名第75位，人均生态足迹为1.5公顷，低于2.2公顷的全球平均水平。

美丽的地球家园

这份报告显示，美国、日本、德国、英国等发达国家都是生态赤字很大的国家。巴西、加拿大、俄罗斯、新西兰等国家，由于国土面积辽阔、人口相对稀少，有较好的"生态盈余"，这些生态盈余国家为全球生态环境的维持作出了贡献。

2005年，亚洲和太平洋地区的生态足迹表明，该地区对自然资源损耗的速度是其复原速度的两倍；而该地区的人类所需的资源比该地区可提供的资源高1.7倍。这表明，这个地区的自然资源在严重地衰退和供不应求。中国在1961年到2001年的40年中，人均生态足迹的增长几乎超出了原来的一倍。

亚洲是目前世界上经济发展最快、人口最多的区域，其生态足迹对全球有重大影响。比较而言，欧洲和北美的人均生态足迹仍比亚洲的人均生态足迹高3~7倍。由此看来，世界不同地区、经济水平不同的国家，对环境承载力的影响是不同的，发达国家对缩小"生态脚印"有更大的责任和义务。

是谁创造了这些生态脚印？是谁使这些脚印留在地球的脸上、身上？是谁还在让这脚印继续加深加大？不是别的、不是任何其他生物，是我们人类自己。

三、"生物圈2号"给我们的启示

20世纪80年代末期，美国耗资近2亿美元在西南部的亚利桑那州南部高原地区的图森市建造起一座与外界完全隔绝的巨型钢架玻璃建筑物。该建筑物占地1.3万平方米，大约有8层楼高，为圆顶形密封结构，人们将它称为"生物圈2号"。"生物圈2号"的名称来源于它的原始模型"生物圈1号"——地球。建造这样一个巨型建筑物的目的，是用于探测人类能否在一个封闭的生态系统中生活和工作，以及如何在这里生活和工作，并为探索太空移民的可能性提供参考。"生物圈2号"作为一个模拟地球生态环境的全封闭实验室，有热带雨林、热带草原、海洋、沼泽和沙漠5个野生生物群落，和两个人工生物群落即集约农业区和居住区组成。它以地球北回归线和南回归线间的生态系统为样板制作而成。整个生物圈内共有4000多种生物，其中有软体动物、节肢动物、昆虫、鱼类、两栖动物、爬行动物、鸟类和哺乳类动物等，植物种类有浮游植物、苔藓植物、蕨类植物、裸子植物和被子植物等约3000种，微生物约1000种，这些生物分别来自澳大利亚、非洲、南美、北美等地。

这样一个人工生态系统内，既有高大的树木，也有矮小的灌木和草丛。各个生物群落的生境各不相同，例如海洋有海滩、浅咸水湖、珊瑚礁和海水等。不同的生物群落之间有相对独立的生态区将它们互相隔离开，例如热带草原和沙漠之间有一簇簇灌木丛起到隔离作用。为了防止不同群落之间的相互影响，在其周围种植了耐性强的植物，如热带雨林周围是浓密的姜科植物，能够保护内部树种免遭侧面强光的照射，而与"海洋"相接的地方则用竹子来抵御盐分渗入。

"生物圈2号"内部尽量按照地球的自然环境进行配置，对土壤、草

生物圈2号

皮、海水、淡水等均取自外界的不同地理区域，经过一定的人工处理再加以利用。例如，实验用的海水是将运来的海水和淡水按照适当比例配制而成的。可以说，"生物圈2号"的生物多样性和群落生境的多样性共同构成了一个相对协调的大生态系统。

"生物圈2号"中选择的动植物主要考虑生态系统的物质循环和能量流动的维持，尤其注意保持动物消费者的生命保障、物种多样性和植物的可利用程度等。同时考虑到自然选择的过程，在植物种类的配置上相对多一些，有利于补偿物种可能发生的灭绝，以促进生态系统的持续稳定。

"生物圈2号"是一个完备的现代化超级实验室，它的指挥系统是一个完整的计算机数据采集和控制系统，它通过分布于不同区域的传感器与计算机中心相联通，时刻对内部的变化进行记录和分析。居住区内的指挥室通过5000多个传感器，能够有效地监控如温度、湿度、光照强度、水流量、pH值、CO_2浓度和土壤湿度等各种监测项目。"生物圈2号"虽然与外界隔绝，但通过电力传输、电信和计算机与外部取得联系。工作人员在"生物圈2号"内可以看电视，可以通过无线电通讯与外界保持联系。

"生物圈2号"原计划实验两年时间，全部计划分两次进行。1991年9月，首批8位科学家进入，按实验设计要求在这个封闭的生命维持系统中开始了"居民"生活。他们自己动手做到自给自足，例如种植自己需要的粮食，饲养牲畜、家禽和鱼类。在其他方面，如水和空气依靠自净达到循环利用，生活废物等也要进入食物链这条渠道加以转化利用。8位科学家除了在生活上自给自足以外，还要从事科学研究，探究他们的家园内生态环境的变化情况。

在第一次实验进行到21个月时，8名科学家不得不暂时撤出，原因是氧气浓度以每月0.5%的速度不断下降，从21%一直下降到14%，与地球上海拔超过1200米的地方相似。这样的氧气浓度对于长期生活其中的研究人员会造成身体伤害，于是科学家们不得不撤出"生物圈2号"。

经过进一步的研究和总结，1994年3月有7位科学家再次进驻"生物圈2号"。工作10个月后，最终因为物质循环和能量流动的障碍，大部分脊椎动物死亡，25种脊椎动物死去了19种，蜜蜂等传粉昆虫也相继死亡，并造成依靠它们传播花粉的植物也随之死亡。而另一些植物如牵牛花则发生疯长，黑蚂蚁也因环境适宜而大量繁殖。降雨失控，人造沙漠变成了丛林和草地。空气再次恶化。一系列的变化，迫使科学家们被迫再次撤出，并宣告"生物圈2号"实验失败。不过，它在不经意间给人们留下了一些佳话。"生物圈2号"称得上是一个"小联合国"，居民分别来自美国、英国、墨西哥、尼泊尔等7个国家。在这个"小联合国"里，培育出了爱情之花。实验结束几个月后，两批居民中分别有一对结成伉俪。这或许应了一句古话：患难见真情。

另外，由于粮食歉收，"生物圈2号"的居民不得不控制饮食。结果第一批居民中的4名男性体重平均下降18%、4名女性体重平均下降10%，胆固醇的平均值由195下降到正常值125，使得这些平常为减肥而痛苦不已的人平添一份惊喜，真可谓无心插柳柳成荫。当时的一位居民、加利福尼亚大学洛杉矶分校的罗伊·沃尔福德教授在实验之后甚至继续维持当时的食量，"因为那样有助于健康"。

"生物圈2号"实验尽管以失败而告终，但它作为世界上最大的密闭式人工生态系统实验，为人类再造生物圈取得了前所未有的经验。它作为一种永久性人工生态系统的地面模拟装置，为人类未来的地外星球定居提供了重要的基础性研究。如今，它在哥伦比亚大学的管理下继续为科学研究服务。"生物圈2号"已成为哥伦比亚大学手中的一张王牌。"我们的目标是，将'生物圈2号'发展成对地球系统的科学、政策和管理事务进行教育、研究和交流的首选。"该校副校长迈克尔·克罗表示。洛克菲勒大学的乔尔·科恩和明尼苏达大学的戴维·蒂尔曼这两位科学家认为，"生物圈2号"与哈勃望远镜有某些相似之处。耗资巨大的哈勃望远镜刚刚上天之时，由于所拍照片模糊不清而备受批评，但时至今日它已成为天文学研究不可或缺的重要工具。同样地，"生物圈2号"也有望在今后成为人类进一步认识地球的重要基地。

"生物圈2号"的经验与教训同时告诫我们，在茫茫宇宙中，人类要想脱离地球这个家园到别处去谋生并非易事。我们只有善待地球，保护地球，才是最好的选择。地球是我们唯一的家。

美
丽
的
地
球
家
园

四、离不开的家园

到太空去自古以来就是人类的理想。希腊神话中的阿波罗是太阳神，阿耳忒弥斯是月亮女神，他们都是掌管光明的。太阳神和月亮女神的想象在于解释太阳和月亮。我国嫦娥奔月的神话体现了古人对探求月亮秘密的向往。月亮是一座广寒宫的大胆猜想，与今天知道的月亮状况有些接近，月亮确实是一个了无生机的星球。

向往离开地球是古人对地球外星体的一种探求欲望。今天的登月工程和各种太空实验既有古人一样的想法，也同时有将来进行太空移民的雄心。无论是当年美国的阿波罗登月计划，还是苏联的"和平号"空间站和正在运行的国际空间站，都标志着人类具备了离开地球到太空去的能力。

"和平号"空间站是苏联第三代载人空间站，也是人类历史上的第9座空间站。1969年，苏联将"联盟4号"飞船同"联盟5号"飞船实行了对接，建成了"世界上第一个宇宙空间站"，但这些空间站的寿命都是短暂的。"和平号"空间站的建立，标志着人类实现了在太空的"永久性"居住。

"和平号"空间站的核心舱于1986年发射升空，后来又陆续对接了一系列实验舱，到1996年组成了总空间近400立方米的一座空间站。经过10年时间的不断添砖加瓦，建成的"和平号"空间站是一个呈"T"型结构的巨大航天器。这个航天器由一个核心舱和5个对接舱组成，全长32.9米，重约137吨。它在距离地球350～450千米的轨道上运转，约90分钟环绕地球一周。2001年3月20日，"和平号"空间站由于设备老化和缺少经费支持等原因，在度过它的15岁生日后，返回地球坠毁于太平洋。15年来，"和平号"空间站总共绕地球飞行了8万多圈，行程35亿千米，共有93次与货运飞船成功对接，美国航天飞机也曾9次访问过它。先后有46个科学小组在站上从事科学研究，共有俄罗斯、美国、英国、法国、德国、日本等12个国家的135名科学家在空间站工作过。他们先后完成了23项大型国际科学研究计划，共进行了1.65万次科学试验，获得了大量重要的科学成果。这些研究和探测大大丰富了人类对地球和宇宙的认识。

"和平号"空间站创造了宇航员在太空连续生活438天的新纪录，这一时间记录的意义非常重要，它意味着以第一宇宙速度足够宇航员从地球飞抵火星。另一位宇航员则创造了3次进入空间站，共生活748天的累计时间纪录。宇航员们共在"和平号"上进行了78次太空行走，在舱外空间逗留的时间达359小时。"和平号"空间站是人类历史上一次伟大的创举，它的体积最大，应用技术最先进，在太空的飞行时间最长，完成的科学研究活动最多。它为研究人类在太空的永久定居所作出的贡献是不可估量的。

继"和平号"空间站之后，美国提出了建造国际空间站的设想，这是一个以美国和俄罗斯为主导的国际合作项目。1998，国际空间站的第

苏联的"和平号"空间站

美
丽
的
地
球
家
园

一个组件——"曙光号"功能货舱首先到达太空，之后其他太空舱相继到达，并实现了对接。2000年，首批3名科学家进驻国际空间站，开始了长期载人和科学研究。在国际空间站建造过程中，除了直接从地面发射升空运送设备以外，美国的航天飞机在设备和人员运送中发挥了重要作用。

国际空间站的设计历时10年，共有16个国家参与研制。它的设计寿命为10~15年，完全建成后，总质量约438吨、长108米、宽88米、大致相当于两个足球场大小。舱内可载6名宇航员，以供进行长期的科学研究。空间站的运行轨道高度为397千米。

"和平号"空间站已完成其历史使命。国际空间站成为人类进行太空资源开发和研究的重要基地，它将继续进行地球观测和天文观测，为人类了解地球提供科学依据，为进一步的太空探测积累资料。国际空间站作为人类在太空居住的一个巨型标志，将发挥重要的作用。

人类在做着永久性载人空间站研究的同时，还在探测着更遥远的外太空的秘密。

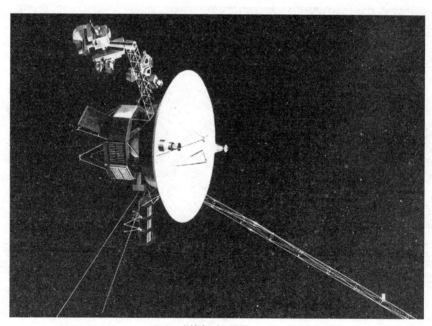

"旅行者1号"

1977年发射升空的"旅行者1号"探测器，已在太空飞行了30多年；如今，它距离太阳约为162亿千米，是离地球最远的飞行器。

"旅行者1号"是一艘无人外太阳系太空探测器，重815千克。原来设计的主要目标是探测木星、土星及其卫星与环。现在，它早已完成对这两颗行星的探测，并发回一系列照片和数据，已经进入太阳系最外层边界，并即将飞出太阳系。它的任务是探测太阳风。

"旅行者1号"携带了丰富的地球信息，用于向外太空宣达。它携带了一张铜质磁盘唱片，内容包括用55种人类语言录制的问候语和各类音乐，以向可能遇到的外星人表达人类的问候。55种人类语言中有古代美索不达米亚语，还有4种中国方言。问候语为："行星地球的孩子向你们问好！"还有当时的美国总统卡特的问候："这是一份来自一个遥远的小小世界的礼物。上面记载着我们的声音、我们的科学、我们的影像、我们的音乐、我们的思想和感情。我们正努力生活在我们的时代，进入你们的时代。"

"我们正努力生活在我们的时代，进入你们的时代。"无论是否会有外星人接受到这样的信息，但这句话表明地球人类正进入一个全新的时代。这个时代既需要理想又要有理性，既要大胆探索又要面对现实。到太空去是美好的向往，是可实现的规划。我们居住的地球也需要人类很好地呵护，它是我们离不开的家园。

科学的魅力就在于无限的遐想和努力去做。无论"旅行者1号"还是国际太空站，都只是人类的一个大胆的探索。我们可以到太空去，但我们的根仍然在地球。大规模的太空移民还是十分遥远的事情，"生物圈2号"实验的失败甚至预示着太空移民难以实现。但这并不能阻止人类对于太空的向往。美国太空总署的"太空移民设计大赛"仍一如既往地进行着。

2009年，加拿大的华裔青年温家辉，以最出色的设计获得了"太空移民设计大赛"的冠军。温家辉参加太空设计大赛的作品，是一座能够居住大约1万居民、接待300多名外来游客的太空城市。这座太空城市有政府、学校、旅馆、研究机构和能源仓库，可以为居民提供氧气、水、通讯等服务，还可以种植农作物和进行食品加工等，与地球社会的功能很相似，可以满

足人类生活的一切需要。

温家辉在获奖演说中有这样一句话："不要丢掉自己的梦想！"是的，人类一直在为实现梦想而努力。

让我们从太空回到地球，再来看看人类对地球除了掠夺性开发以外，还做了什么，还需要做什么。

人类已有的知识告诉我们，地球是目前已知唯一适合人类生存的星球。这个星球在46亿年的历史中，用8亿年的时间孕育出了最早的生命，而高等生物的出现是很晚很晚的事情。大约在7千万年前，地球才从哺乳动物中分化出了灵长类动物；在一两千万年前，从古猿中分化出了一支向人的方向发展；一直到大约三百万年前，终于进化出了能够使用工具的人类。此后，原始人类一边经历着大陆沧海桑田的变迁，一边向地球各地迁移，他们艰难地适应着不同的自然环境，最终形成了不同肤色的各种现代人。

人类从早期的农耕文明发展到繁荣的农业社会又用了几千年的时间。在这漫长的过程中，人类对自然资源的依赖逐步减少，人类行为对地球自然面貌的影响越来越大，开垦农田使森林和草原逐步退缩。但从总体上说，人类与大自然还是和谐相处的，野生动物仍然过着安宁的生活，江河依旧泛着清波，地球还是像一个青春少女一样迷人。

200多年前，工业革命的钟声敲响，人类开始告别单一的农耕生活，隆隆的机器声曾经让人引以为骄傲。从地下到地表，从陆地到江河，人类开始对地球大动手脚，沉默的地球开始了暗暗的哭泣。因为，大气污染开始了，河流污染开始了；森林到处都遭到砍伐，草原植被也走向退化。城市在急剧发展，乡村也竖起了高高的烟囱；道路一直在拓宽，在延伸，向着深山，向着遥远的地方……文明发展到哪里，对地球的伤害就带到哪里。

有一句话说，不在沉默中爆发，就在沉默中灭亡。于是，地球开始了反抗，开始了对人类的报复。恩格斯首先发现了这种报复，他指出："不要过分陶醉于我们人类对自然界的胜利。对于每一次这样的胜利，自然界都对我们进行报复。""美索不达米亚、希腊、小亚细亚以及其他各地的居民，为了得到耕地而毁灭了森林，但是他们做梦也想不到，这些地方今天竟因此而成为不毛之地，而因为他们使这些地方失去了森林，也就失去了水分的积聚中心和贮藏库。阿尔卑斯山的意大利人，当他们在山南坡把在山北坡得到精心保护的那同一种枞树林砍光用尽时，没有预料到，这样一来，他们就把本地区的高山畜牧业的根基毁掉了；他们更没有预料到，他们这样做，竟使山泉在一年中枯竭了，同时在雨季又使更加凶猛的洪水倾泻到平原上。"这就是森林的报复。20世纪以来，还有著名的伦敦烟雾事件、日本的水俣病等等。除了天灾，还有人祸。俄罗斯的切尔诺贝利核电站泄露、我国的松花江化学污染等，都是对人类不负责任的行为给予的无情报复。

被毁坏的森林需要恢复，被破坏的草原需要滋养；被污染的大气需要净化，淡水危机需要化解。被掏空的地壳该如何处置，海水倒灌用什么办法解决？已经灭绝的物种不能死而复生，谁能拯救那些濒危的动物和植物？化石燃料用什么替代，短缺的粮食怎样弥补？等等，这一切，都需要人类自己来回答。

人类的生存离不开陆地和森林。2005年世界森林面积约为39.5亿公顷，占陆地面积的30.3%。2005年世界森林面积与1990年相比较，约减少

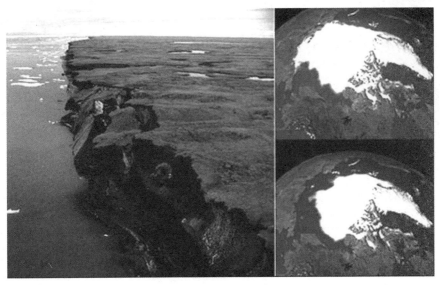

环境灾难——海岸线侵蚀

环保进行时丛书
HUANBAO JINXING SHI CONGSHU

美丽的地球家园

1.3亿公顷。2000—2005年间，全世界有731.7万公顷的森林从地球上消失。1990—2000年世界森林面积总计每年约减少889万公顷，2000—2005年每年约减少732万公顷。

　　制止对森林的乱砍滥伐和帮助森林恢复是维持森林面积稳定的唯一办法。澳大利亚科学家运用无线感应网络进行森林环境监测，能够帮助当地已经濒危的热带雨林的恢复。他们在国家森林公园内，利用先进的无线太阳能充电感应器，测量各种环境因素的变化，如温度、湿度、光照、土壤湿度和风速等，然后将这些信息传送给位于昆士兰的布里斯班市的一台计算机中央数据库，由计算机进行分析，然后再根据计算机的分析对森林进行有效的保护。澳大利亚科学家所研究保护的这块热带雨林被联合国教科文组织列入世界自然遗产名录。这块热带雨林的植被类型极其丰富，几乎保存着世界上最完整的地球植物进化记录，因此，用这种最先进的森林环境监测方法，能够从气候改变到土壤湿度等各个方面了解环境因素对植物及其种类的影响，从而为森林保护提供科学依据。

　　森林火灾不仅造成森林面积的减少，它还是一种世界性、跨国性的

洛杉矶森林大火灾

重大自然灾害。20世纪90年代后期，火灾毁灭了数百万公顷的热带森林，并对全球的生态平衡产生了严重的影响。2002年，俄罗斯损失了1170万公顷的森林，2003年更高达2370万公顷，这一面积几乎相当于一个英国。1997—1998年，发生在印度尼西亚的一场森林大火，不仅烧毁了500多万公顷的森林，更为严重的是给周边地区造成了严重的大气污染，甚至距离该国较远的澳大利亚、菲律宾和斯里兰卡等国，都因为这场大火产生的灰色烟雾损害了空气质量。

森林火灾后的恢复是保护森林的一个重大问题。森林学家经过7年的不懈努力，对印度尼西亚热带雨林火灾后的自我更新及恢复过程的研究取得了喜人的成果。他们发现，森林结构在火灾后恢复的速度相对较快，而树种组成在灾后的7年里几乎没有恢复；地上生物量火灾后急剧下降，7年来一直保持很低的水平。由此，他们提出一整套灾后森林重建机制，有效地帮助了当地森林工作人员和居民的森林恢复工作。

江河湖泊的污染既破坏了淡水资源，导致物种灭绝，又严重地影响了自然景观。英国泰晤士河的污染治理，为治理河水污染提供了优秀的范例。泰晤士河全长约400千米，横贯英国首都伦敦等10多个城市。有人曾说，泰晤士河是世界上最优美的河流，"因为它是一部流动的历史"。19世纪前，泰晤士河河水清澈，水中鱼虾成群，河面飞鸟翱翔。但随着工业革命的兴起，大量工厂沿河而建，两岸人口激增，大量工业废水和生活污水未经处理流入泰晤士河，导致水质严重恶化。到20世纪50年代末，泰晤士河水中的含氧量几乎等于零，鱼类几乎绝迹，泰晤士河变成了一条"死河"。英国政府从60年代开始通过立法治理排污，对直接排放工业废水和生活污水作出了严格的规定，并建设了450多座污水处理厂，形成了完整的城市污水处理系统，污水处理厂每天处理污水近43万立方米。

经过20多年的治理，终于使泰晤士河由一条"死河"变成了世界上最洁净的城市河流。泰晤士河重新焕发生机，河水清澈见底，河中鱼类已恢复到100多种，鱼儿多了，水鸟又飞了回来。世界各地的游客在美丽的泰晤士河上重新"阅读"着这部"流动的历史"。

世界上的许多河流是跨国界的，例如欧洲第二大河多瑙河，它发源于

伦敦泰晤士河

德国西南部，流经奥地利、保加利亚等10个国家。我国的澜沧江流出中国国境以后称为湄公河，它流经老挝、柬埔寨、泰国和越南。对于这些跨国界的河流，在资源共享的同时，也需要携手共同管理和治理。欧美的一些国家已开始转变管理模式，从过去的部门分割管理转向综合的水资源管理，实行对供水、污染控制、农业、水电、防洪和航运等统筹规划，从而有效地改善了对日益紧缺的水资源的配置。例如，欧洲制定了《水资源管理框架指导方针》，美国有《清洁水法》，这种依法管理水资源的办法为整个流域的水资源分配和污染治理奠定了基础。新的管理模式鼓励公众和利益相关者参与，水资源是共享的，每一个参与者也同时有一份责任和义务。

对于温室效应导致的全球气候变暖问题，需要全球合作，共同控制二氧化碳等温室气体的排放。分别于1992年和1997年诞生的《联合国气候变化框架公约》和《京都议定书》，是指导全球合作的纲领性文件，特别是《京都议定书》，它是限制发达国家温室气体排放以抑制全球气候变暖的重要文件。

《京都议定书》需要在占全球温室气体排放量55%以上的至少55个国家批准，才能成为具有法律约束力的国际公约。当中国、欧盟及其成员国、俄罗斯等大多数国家相继批准《京都议定书》时，美国上一届政府却以"减少温室气体排放将会影响美国经济发展"等为借口，拒绝批准这份文件。美国人口仅占全球人口的3%~4%，而排放的二氧化碳却占全球排放量的25%以上，是全球温室气体排放量最大的国家，对控制温室气体排放、遏制气候变暖有重要的责任。

美国已经公布了一项汽车节能减排计划，到2016年，美国境内新生产的客车和轻型卡车每100千米耗油不超过6.62升，二氧化碳排放量将比现在平均减少三分之一。这项计划将使美国在2012年至2016年减少使用原油18亿桶，温室气体排放量将减少9亿吨。已经通过的《美国清洁能源安全法案》首次对美国企业二氧化碳等温室气体排放作出限制，它要求到2020年之前实现排放量比2005年水平减少17%，到2050年之前减少83%。

只要世界各国共同携手，控制二氧化碳等温室气体的排放，气候的变暖就会得到改变。

酸雨的控制同样也需要国际合作。由于二氧化硫等酸性物质在大气中能够长距离传输和扩散，所以，酸雨的跨国界危害非常严重。例如在亚洲，越南的硫沉降35%来自本国排放，19%和39%分别来自泰国和中国；尼泊尔60%以上的硫沉降来自印度；中国和韩国对日本西南部的硫沉降起着重要作用。我国在全国范围内划定了酸雨控制区和二氧化硫污染控制区，对各省二氧化硫的排放总量有明确的限制指标，限制燃煤含硫量、列出了重点污染治

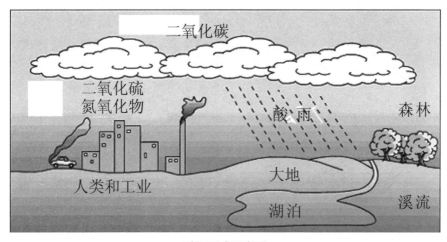

酸雨形成示意图

理单位，并同时实行收费和处罚等措施。

人类与地球、生存与毁灭，越来越严重的问题摆在我们面前。怎么办？到太空去？目前甚至只是少数人的事。何时能够进行大规模的太空移民？谁也不知道，"生物圈2号"昭示着希望渺茫吗？也许是。

爱护地球吧！请不要忘记，她就是大地女神，她就是我们共同的母亲。

 ## 五、低碳地球，需要一个绿色起点

人类社会最大的悲哀在于学会重造一颗地球之前先学会了毁灭地球。由于人类过于"勤奋"，短短一二百年时间就把地球花了数十亿年时间固态化的二氧化碳重新释放出来，导致全球气温升高。照此发展，用不了多久，马尔代夫就将无岛、乞力马扎罗山就将无雪、北极就将无冰，很多美好的东西将永远成为我们的记忆。正如《无间道》中所说："出来混迟早是要还的。"从工业革命开始，人类为了经济发展而不加节制地破坏环境，如今已经开始一点一点品尝恶果了。

正是出于不计人类自身也最终成为记忆恶果的考虑，才有了哥本哈根气候大会。这次大会之前人们的种种期望也最终成为哥本哈根童话的一部分，导致一些人借大片《2012》中的惨状哀叹世界末日真

美丽的地球

的不远了。

其实，这是非常无知的表现。绝大多数人到现在还认为节能减排是国家和企业们的事情，与老百姓毫无关系。事实上，当你用微波炉时多使用"高火"、每天少喝一杯瓶装水，都可以减缓地球气温上升的速度。换句话说，我们每个人都可以成为环保专员。但是，要让所有人都意识到这一点并行动起来，没有媒体的力量是万万办不到的。正如2010年伊始，旅游卫视发起的"绿色1小时"活动，用媒体的力量通过一次简单而特别的"绿屏事件"，将全国许许多多观众的责任心和力量像水滴一样聚集在一起，形成一片绿色的海洋；在为保护地球贡献力量的同时，也把责任意识传递给观众，产生更加长久的效果。

公益活动如果只产生即时的成效，而不能把成效延续下去，那就是一次失败的公益活动。事实上很多国内的公益活动都是这样的一锤子买卖，如同西药，效果来得快去得也快，完全没有达到传递公益理念的效果。而"绿色1小时"则一改以往公益活动来也匆匆去也匆匆的惯例，让这短暂的一个小时成为一项长期事业的起点。

这次活动首先成功传递了一个理念——绿色生活方式。世界上最难的两件事一是把别人的钱装自己口袋里，二是把自己的思想装进别人脑袋里。旅游卫视这次倡导的"绿色1小时"只是一个手段，最终的目的是让人们意识到每天少开1小时空调、少用1小时电脑就可以减少气候变化的罪魁祸首"碳"的排放。生活习惯的一小步是全球气候的一大步，而且这一小步是我们轻轻松松就能做到的，我们何乐而不为呢？

其次，让效果得以直观地呈现。很多时候我们参与公益活动，只是重在参与，不重效果，当然这与主办方的组织形式有着莫大的关系。"绿色1小时"则在细节上做得很到位，经过统计参加活动的人数，测算出活动期间减少的碳排放量，让参与者直观地体会出众人拾柴火焰高的效果。当人们意识到"原来为气候变化作贡献这么容易"，那么产生的效果将是长久和持续的。

最后，引发连锁效应。媒体之间的竞争是显而易见的，旅游卫视通过这次绿屏事件彰显了自己作为媒体在公众引导和支持公益方面的社会责任，扛起了绿色媒体的大旗。这些都必然引起其他媒体的仿效和跟风，带动它们加入保护地球的行列，从而产生更大的社会影响力，让它们认识到媒体责任也是竞争的一部分，并将逐渐成为最重要的一部分！

地球是我们每个人的家，作为家庭中的一员，我们是该做点什么的时候了。

 六、保护地球我先行！

古往今来，地球妈妈用甘甜的乳汁哺育了无数代子孙。原来的她被小辈们装饰得楚楚动人。可是，现在人类为了自身的利益，将她折磨得天昏地暗。人类只有一个地球,而地球正面临着严峻的环境危机。"救救地球"已成为世界各国人民最强烈的呼声。

我们都会为周围环境的恶化而感到心痛，试想：作为未来接班人的青少年，如果不了解人类环境的构成和环境问题的严重性，无视有关环境保护的法律法规，不去增强环境保护意识,自觉履行保护环境的义务的话，我们的生命将毁在自己的手中，我们将受到最严厉的惩罚。为此，我们每个人都要下定决心，要从我做起，爱护环境，保护我们这个赖以生存的家园，做一个保护环境的卫士。

下面是一个小环保先锋一年中所做的事情，相信对我们每一个朋友都会有所启发——

在刚过去的一年中，我积极参加学校开展的植树活动，鼓励队员们在校园里认养了一棵小树苗，利用课余时间给它梳妆打扮，为它长成参天大树打下了基础。在学校组织的"让地球充满生机"的签字活动中，我郑重地在上面签下自己的名字，并写下了自己对环保的决心和期望，对美好未来的憧憬。我积极参加学校在世界环境日举行的有奖征稿，认真查阅、收集各类资料，进行社会调查，撰写有关环境治理设想方面的文章。我经常去参加学校组织的环保讲座，观看环保方面的录像带，积极参与环保知识问答调查活动，认真填写每一项提问。我参与了"红领巾植绿护绿队"的网站建设，在上面发布了大量的环保图片和环保知识，以及关于环保的各方面的法律知识、我国在环保方面发展动向、世界各国的环境保护情况；每个月我都利用网络、报纸，查找一些最新的不同的专题和板块，通过"环保资讯"来告诉大家；还定期制作一些宣传板来宣传环保知识和生活中的环保常识，提高了大家的环保意识。我号召同学们从不同的方面来关爱自己的家园，从身边的小事做起，为周围的环境奉献自己的一份力量！我积极动员身边的人一起来依法保护和建设人类共有的同样也是仅有的家园，为促进经济和社会的可持续发展、为人类的文明作出贡献。我还和同学们共同发起"养一盆花，认养一棵树、爱惜每一片绿地，让我们周围充满绿色"和"少用塑料袋不使用泡沫饭盒和一次性筷子，让我们远离白色污染"的倡议。让我们放下方便袋，拿起菜篮子，让我们共同走向美好的绿色的明天，走向辉煌、灿烂的未来！

据我收集到的一份报告说："环境问题是由于人类不合理地开发和利用自然资源所造成的。触目惊心的环境问题主要有大气污染、水质污染、噪声污染、食品污染、不适当开发利用自然资源这五大类。"一个个铁一样的事实告诉我们，它们像恶魔般无情地吞噬着人类的生命。它威胁着生态平衡，危害着人体健康，制约着经济和社会的可持续发展，它让人类陷入了困境。为此我宣告："只要我们——人类有时刻不忘保护环境的意识，有依法治理环境的意识，地球村将成为美好的乐园。"未来的天空一定是碧蓝的，水是清澈的，绿树成荫鲜花遍地，人类可以尽情享受大自然赋予我们的幸福……

其实真正检验我们对环境的贡献不是言辞，而是行动。虽然我们现在做的只不过是一些微小的事，但是，只要我们人人都有保护环境的责任心，从自己做起，从小事做起，珍惜地球资源，养成良好习惯，节约一滴水、一度电、一粒米、一张纸；不用一次性筷子，不用过度包装的商品，少用塑料袋，绝不乱丢垃圾；多用节能灯，要做到人走灯灭。

珍爱地球环境，倡导低碳生活。我们要积极参加植树活动，种养绿色植物，努力保护身边的每一片绿色。还要建议爸爸妈妈少开车，多走路、多坐公交车。保护好课本，并将用过的课本传给弟弟妹妹们。多宣传低碳生活，多穿校服，少买新衣服；多用扇子，少开空调。号召全家都低碳，过节约资源的低碳生活。

我们相信：在温暖的摇篮——草原上小憩，在慈祥的笑脸——天空下成长，在爱的源泉——河流中沐浴！这就是我们未来的现实生活。为了我们的明天，我们应该作出努力！

美丽的地球家园

第五章

高温：地球家园无法
承受的痛

一、地球"发烧"了

如果从我国各地以及地球其他地方可怕、怪异的天气描述中仔细观察的话，你会发现，百年一遇、创有气象记录以来第一位、突破历史极值，这些词语成了近年来常见的气候评价用语；强暴雨、强对流、高温、干旱、暴雪、强台风等都成了高频率出现的词语。

为什么如今的怪异气象纪录不断刷新，气象灾难越来越频繁，灾难性、怪异性气象一年比一年多呢？我们的地球到底怎么啦？

还是让我来告诉你吧：我们的地球"病"了，它正在发"高烧"；你也许还有疑惑：地球也会得"病"？它也会"发烧"？

不可思议吧，地球也会得"病"，它也会像人类得"病"一样"体温升高"。

在讲述地球也能得"病"前，我们先来讲述一下我们人体得病后为什么会发烧。

我们知道，人体受到细菌或病毒的入侵时，我们的身体免疫系统就会快速地调动起来，去和入侵的细菌或病毒作斗争，以便消灭它们。免疫系统就是保护我们体内健康的"战士"，

太空中拍摄的地球

它们的职责就是"保体卫健"，让我们体内有一个相对稳定的环境，即维持体温37℃左右。在一般的情况下，我们体内的免疫系统能很轻松地应付入侵的细菌和病毒，因此，一般情况下我们也不会觉得身体有什么不适。可是当细菌或病毒大量入侵时，我们体内的免疫系统就要像接到战争命令一样动员起来。它们调动的速度就会加快。如何加快它们的"应战"速度呢？那就是我们的体内平衡失调，体温升高，血液循环加快，这就是我们通常所说的发烧。为了使我们的身体尽快处于平衡状态，这时我们就得借助外力，如吃药或打针，往体内注入消灭病菌的药物，帮助我们体内的免疫系统战胜病菌，使我们的身体调节恢复以往的平衡。这就是我们得病后之所以引发高烧的原因。

同理，地球也有一个类似于人体的相对平衡的温度调节系统，这个系统就是全球气候系统，它调节着地球表面的热量收支平衡。在它的宏观调节下，我们地球表面的平均温度基本保持在15℃。

全球变暖下北极熊的处境

当全球气候系统里某一要素发生变化时，我们地球的热量收支平衡就会被破坏，这时地球就会像人体一样表现出得"病"的症状。当然了，全球气候系统的失衡并不完全像人体那样基本表现是"发烧"使体温升高，它也有可能使地球表面平均温度降低。可是，绝大多数资料显示，全球气候系统失衡导致了地球"发烧"，也就是地球地表的平均气温升高超过了15℃。而且正是因为地球变暖，地球上的种种可怕天气气候现象才越来越频繁，给人类造成的危害也就越来越大。

二、人类生存面临着威胁

地球家园遭受着破坏，我们生存环境面临的巨大威胁主要有以下几种。

威胁一：土地退化和荒漠化

不合理的土地利用，森林植被的消失、草场的过度放牧、耕地过度开发、山地植被的破坏导致土地退化，土地出现荒漠化。目前，有110个国家的可耕地肥力在降低，每年有600万公顷的土地变成沙漠，900万公顷的牧区失去生产力。经济损失每年达423亿美元。全球共有干旱、半干旱土地50亿公顷，其中33亿人遭到荒漠化威胁。20世纪80年代，严重的干旱使非洲100万人饿死。

我国的水土流失现象也十分严重，每年流失的土壤总量达50多亿吨，每年流失的土壤养分为4000万吨标准化肥（相当于全国一年的化肥使用量）。自1949年以来，我国水土流失毁掉的耕地总量达4000万亩，这对我国的农业来说是极大的损失。

目前，我国荒漠化土地已占国土陆地总面积的27.3%，而

水土流失后干涸的土地

且，荒漠化面积还以每年2460平方千米的速度增长。我国每年遭受的强沙尘暴天气由20世纪50年代的5次增加到了90年代的23次。土地沙化造成了一些地区的居民被迫迁移他乡。

威胁二：全球气候恶化

由于人口的增加和人类生产活动的规模越来越大，1990—2010年，亚洲和太平洋地区的能源消费增加了一倍，拉丁美洲的能源消费增加了50%～77%。向大气释放的二氧化碳、甲烷、一氧化二氮、氯氟碳化合物、四氯化碳等温室气体不断增加，导致大气的组成发生变化。据预测，到21世纪中期，大气中的二氧化碳将是工业革命前的两倍。

20世纪七八十年代以来，全球气温上升了0.7℃左右，这是人类过去所没有过的现象。科学家预言，人类如果不采取果断的和必要的措施，2030—2050年，全球平均气温有可能再升高1.5℃～4.5℃。由于全球气候变暖，将会对全球产生各种不同的影响。较高的温度可使极地冰川融化，海平面每10年将升高6厘米，其严重后果：一是使地处低洼的沿海地带和岛屿葬身海底；二是使全球降水量重新分配，旱涝剧变，森林、湿地和极地冻土被破坏，直接威胁原有自然环境生态系统的正常循环，从而导致许多物种的锐减和灭绝；三是出现极端高温，久年不遇的旱灾、异乎寻常的热浪、肆虐的飓风和龙卷风将给人类和生物界带来巨大的灾难。由于沿海低洼地区被淹没，还将造成人类历史上空前的环境难民。现在人类的60%，也就是33亿多人住在离海岸线100千米以内。我国虽然不是岛国，但却有着漫长的海岸线，而且我国的经济发达地区在沿海，如果出现上述情况，我们的损失也将是巨大的、惨重的。

威胁三：森林锐减

在今天的地球上，我们的绿色屏障——森林正以平均每年4000平方千米的速度消失。森林锐减带来的各种危害已经越来越频繁地显现出来：涵养水源功能破坏，物种减少，水土流失，二氧化碳吸收减少导致温室效应。

针叶树是森林采伐的首选对象。大兴安岭、长白山地区和西南横断山区这3片我国最大的针叶林区70%的天然林已被采伐，各种阔叶树林也所剩不多。森林破坏最明显的直接后果是引起环境的剧烈改变，原来适应于阴湿森林环境中的一些物种如苔藓、蕨类植物以及多种无脊椎动物等首先受到威胁，许多高等植物和脊椎动物也趋于消失。

威胁四：淡水资源短缺与水质污染

森林被砍伐后留下的树桩

全球人均水资源总量虽然丰富，但可获得的水资源却不足。目前，人均水资源量不到2000立方米的国家有40个，这还不包括像中国这样地区性缺水严重的国家。据估计，从21世纪开始，世界上将有1／4的地方长期缺水。

工业和城市生活污水处理不当，使河流、湖泊、地下水受到严重污染，进一步加剧了水资源的短缺程度。在发展中国家，有80%～90%的疾病与1／3的死亡都与受细菌或化学污染的水有关。现在，每天有2.5万人死于水污染的疾病。在农业开发程度较高的国家，由于过度使用农药和化肥，地表水和地下水都受到了严重的污染。

美
丽
的
地
球
家
园

威胁五：大气污染，酸雨蔓延

大气污染的主要因子为悬浮颗粒物、一氧化碳、臭氧、二氧化碳、氮氧化物、铅等。大气污染导致每年有30万～70万人因烟尘污染提前死亡，400万～700万的农村妇女儿童受害。

为了改善排放地区的环境空气质量，许多国家采取高烟囱排放的方法，使大气污染物远距离输送，越界进入邻国。大量进入大气的二氧化碳和氮氧化物经过传输、转化和沉降，形成酸雨。酸雨是指大气降水中酸碱度(pH值)低于5.6的雨、雪或其他形式的降水。酸雨降落到河流、湖泊中，会使鱼虾减少或绝迹；酸雨还导致土壤酸化，使土壤贫瘠，危害农作物和森林。

三、冬天为什么不再冷？

我们大家对暖冬这个词一定不会陌生，你也有可能已经体会到了冬天越来越温暖了，好像少了些什么。少了些什么呢？少了飘飘洒洒的白雪，少了呼呼狂啸的北风，少了滴水成冰的氛围。冬天变得暖洋洋的，少了许多活力。

提到了暖冬，你心里肯定会问："什么样的天气情况才叫暖冬呢？"暖冬在气象学上的定义是，从当年12月到次年2月的平均气温相比过去30年的平均气温高出0.5℃以上。

比如过去的2006年的冬天就是一个暖冬。下面我们来看看这个冬天有什么异常。这个冬天可真是太诡异了！以往按时南飞的候鸟因为气温一直不降，竟一直待在北方不愿南飞；一向喜欢冬眠的狗熊因为气温升高而忘了冬眠；而在往昔万里飘雪的北国降雪量也只有平常的十分之一，以致使当时的亚冬会不得不实施人工造雪、人工增雪。

2007年2月5日，北京的最高气温一下子蹿升至16℃，创下北京自1840年有气象记录以来历史同期最高的气温。

还是拿第6届亚冬会来说吧。因为气温升高，直至1月28日，长春市冬季降雪量为新中国成立后历年平均值的12%。气温也比常年同期高出整整5℃！这是当地自1959年以来的冬季最高气温。因为"高温"，许多爱美的女孩抛开厚重的羽绒服，穿起了裙子。因为"高温"，亚冬会组委会不得不多花几百万元进行人工造雪和人工增雪。能在严冬的北国街头穿裙子，这是以前想都不敢想的事，可是现在却发生了。

不仅仅是一向以寒冷著称的我国东北地区出现了气候反常，在北京、南京、武汉和广州，在美国和欧洲大陆，也出现了前所未有的暖冬。

北京市民都感觉到，春天好像提前"赴约"了。颐和园里有"迎春花"之称的连翘竟然在初冬的暖阳中盛开、怒放，摆在各大卖场里的取暖器、保暖内衣、羽绒服等冬令商品很少有人问津，就连北京动物园里的蜥蜴、蛇等动物在初冬时节也是毫无睡意。

生活在武汉、广州等南方城市的居民也在暖暖冬阳的照耀下享受着温暖的天气，一些时令花果被催得早熟，蚊子的长寿也使得很多人晚上睡觉前都要赶蚊子。

在生活在南方的人抱怨"今年的冬天不像冬天"的同时，"数九寒天下大雪"也渐渐成为北方居民的一种奢望。

这些冬天里的异常，就是地球在"发烧"的最好证明。

 ## 四、夏天为什么这么热？

看完了冬天，我们再来看夏天。地球"发烧"了，那么夏天会有什么变化呢？

先举几则例子供你参考。

火车因铁轨热胀变形而不得不减速或停开，核电站因冷却用的河水或海水升温而不能正常工作，电视里有关世界各地发生森林火灾的报道不断，许多电器设备因高温影响而功能紊乱，欧洲阿尔卑斯山景区的雪、亚洲珠穆朗玛峰的冰川开始融化等等。

这样的例子太多了，只要你留心，随时都可以找到许多因炎热影响我们生活的事例。

我们再来说说，我们的身体是怎样感受冷和热的。

我们知道，身体的正常温度是37℃左右。只要是不生病、不做剧烈运动，我们的身体应该保持在这个温度。当身体外的温度超过了身体里的温度，人们就会感觉浑身不舒服。下面我们还是赶快体会一下夏天火辣辣的感觉吧！

据媒体报道，2003年盛夏，我国南方地区，特别是江南和华南地区，35℃以上的高温日数为1961年以来最多，38℃以上高温日数也是1961年以来的最大值。

2003年夏天，欧洲正经历着自1949年以来最热的一个夏天，伦敦、布鲁塞尔等地7月份的最高气温平均在35℃左右，巴黎气温达38℃，而西班牙气象人员的报告更是令人害怕，他们测得西班牙南部某些地区气温高达45℃。

2005年夏天，我国全国平均气温为1951年以来历史同期最高值。华北大部、西北东北部、江淮东部、江南东北部及黑龙江西北部、西藏东部等地夏季平均气温较常年同期偏高1℃至2℃，内蒙古中部局部地区偏高3℃至4℃。

矜持的法官在法庭上摘下了传统的假发，威武的白金汉宫卫兵被允许在树荫下站岗，最讲究着装的公司职员脱下西服，换上

高山冰雪正在消融

短裤去上班……这是英国2007年7月遭遇罕见高温天气后出现的一幕幕场景。除英国外，滚滚热浪还蔓延到欧洲大陆，许多欧洲国家也遭遇罕见的高温天气，不断传出人员死亡和电力供应短缺的消息。欧洲人在酷暑中唉声叹气：这样的日子究竟还要熬到什么时候？

镜头一：英国气温刷新纪录

2007年7月19日下午2时32分，位于伦敦盖特威克机场附近的查尔伍德气温达到36.3℃，创造了英国7月份最炎热天气的新纪录。此前，英国7月份最高气温是1911年7月22日在伦敦西南部埃普瑟姆测量到的36℃。

镜头二：英国伦敦的地铁最高气温达47℃

在酷热的地铁中

对英国人来说，最严峻的考验是乘坐地铁。由于过去英国夏天气温不高，地铁没有安装空调设备，因此伦敦地铁不但没有空调，就连通风系统也不能有效地运行。2008年夏天伦敦地铁最高气温达到47℃，令乘客感到难以忍受。"我不愿意谈论这个问题，"来自伦敦东部的琼·瑟古德在闷热的车厢中使劲摇着扇子，"这像是一个世纪来最热的一天。"

镜头三：法国发出高温预警

法国气象局于2007年7月19日宣布，法国11省已发出高温预警，该警报将持续至22日凌晨。法国卫生部官员19日说，本周已有9人在高温天气引发的疾病中丧生。死者主要集中在法国西南部，那里最高气温突破40℃。法国官员担心，如果气温持续居高不下，2003年夏天因高温导致1.5万人患病死亡的悲剧将再次出现。

镜头四：2007年7月，德国气温突破40℃，德国为民众寻找避暑地点

在德国，白天最高气温也突破40℃。高温天气导致2007年7月可能将成为德国历史上最热的月份。德国发行量最大的报纸《图片报》专门刊登了柏林最凉爽地区名单，帮助民众寻找纳凉避暑地点。

高温天气

 ## 五、令人恐惧的城市"热岛"

陆地是人类有史以来生活的最主要场所。随着现代经济的发展，城市的规模越来越大，人口越来越向城市聚集。100年前，世界上大多数国家的主要人口都在农村，即使是像美国这样经济最发达的国家，人口超过百万的城市也并不多见。但在今天，许多国际大都市的人口早已超过千万，特别是在中国这样的人口大国，上百万人口的城市往往只能称之为"中小型城市"。

城市的发展不仅仅以人口多少为标志，还以建设状况为标志。而在城市发展的同时，一种特别的升温现象也由潜在变得明显，它就是城市的"热岛现象"。

19世纪的英国气象学家哈罗德最早使用了"热岛"一词，用来说明城市和乡村之间的气温差别。在过去，人们通常认为农村气候比较潮湿，降雨频繁，而城市比较干燥，降雨较少，但在事实上，城市上空往往聚集着温暖的空气，而且由于城市建筑物和街道的温度比较高，空气中的水分很难在夜间形成露水，所以空气的相对湿度甚至高

于农村。另外一个因素是，城市大气中聚集的尘埃大大高于乡村，这使得城市空气中的云层中微粒大大增多。这些原因使得许多城市的降雨量并不少于农村。

随着经济的发展，高楼林立成为大多数城市建设规模的主要标志之一。巨大的建筑物虽然在一定程度上缓解了城市人口爆炸的问题，但是建筑物和街道路面的建筑材料在白天会吸收大量太阳辐射热，使得空气温度迅速上升。到了夜间，建筑物和路面又逐渐把吸收的热量散发到空气中，使得原本应该下降的气温难以降低，夜间气温明显高于农村。林立的高楼还阻挡了空气顺畅流动，使得城市的风量和风速明显低于开阔的农村，这些都会影响城市中热量的散发。

再有，由于城市中工业和汽车废气（还有其他污染源）浓度较高，在空气中形成了许多悬浮的微小污染物颗粒。在白天，太阳辐射到地表，有一部分经过反射和折射，被悬浮在空气中的微小污染物颗粒吸收；到了夜间，这些微小颗粒会持续地散发热能，提升了城市夜间的温度。

造成城市温度升高的另一个重要原因，是城市中大量人口活动产生的热能远远高于乡村的热能。城市人口众多，工厂发展、商业发达，无论是生产还是生活，都要消耗大量能量，其中的很大一部分转化成热能被直接排入空气中。与此同时，高密度的车辆排放出大量高温尾气（通常高于100℃）。这些大大小小的"热源"，就像是功率不同的"加热烘干机"，持续不断、反复迭次地向城市排放着热量，使得城市低层的空气被大大地加热了。

你或许会问，城市的空气被加热

城市气温正逐渐升高

了，难道它们就没有出路吗？虽然空气是流动的，但众多的城市建筑会显著影响到空气的流动，城市中相对严重的大气污染也阻碍了热量的散发。烟尘和悬浮在空气中的微小污染物颗粒在城市上空形成了云和雾，这些云雾阻碍了低层热量在夜间的辐射，也就是影响了城市散热，使得地面降温被减弱了。

　　所有这些现象归纳起来，就被称为"城市热岛"现象。意思是说，如果把广阔的乡村视做海洋，那么城市就像是海洋中的一座座岛屿。而相对于比较凉爽的乡村而言，如今的许多城市就像是一座温热的岛屿。城市热岛最显著的特点，就是城市的夜间气温明显高出周围的乡村地区。城市比原来热了，比周围的农村热得多了，生活在城市里的人们已经能切切实实地感受到热岛效应。在一年四季里，夏天似乎显得特别漫长，特别炎热，尤其是夏天的夜晚，酷热难耐，使得人们大量地使用空调等降温设备，这实际上又在为热岛效应做着加强反馈。人们是否想过，造成热岛现象最根本、最主要的原因，正是人口规模和人类活动本身。据统计，人口在几十万规模的城市，市区和郊区的气温相差在3℃以下；而人口超过百万的城市，城乡温差则有可能达到5℃以上。联合国政府间气候变化专门委员会(IPCC)2000年的一项调查报告表明，平均至少达到0.12℃，城市热岛现象产生的温差效应。

　　随着人口急剧膨胀，热岛效应已经越来越普遍，并有向乡村蔓延的趋势。一些人口比较密集的村镇，甚至郊区的大型超市，或处于偏远地带的大型工厂等，都会产生热岛效应。也许，在所有全球变暖

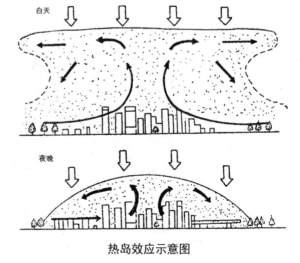

热岛效应示意图

的现象中，热岛效应是许多人能够最直接感受到的。

六、温室效应

　　温室是指用玻璃盖成的小屋或用塑料膜覆盖的大棚，用来种植花草或蔬菜等农作物。太阳光透过玻璃和塑料膜照射到室内，使室内的温度升高，而屋顶和墙壁又能防止热量散失，使花草和农作物在冬季和夜晚不会被冻伤。这种用温室来达到保温的效果，就是"温室效应"，也叫"花房效应"。

　　地球大气层也有温室效应这样一种物理特性。在晴朗日子，太阳短波辐射透过大气被地表所吸收，地表升温后发射的长波辐射大部分被大气吸收，还有一小部分由大气以长波形式再发射回地面。这样，由于大气的存在，地表得到的热量多，散失的热量少，温度便会升高。大气的这种增强向地表辐射的作用与温室玻璃屋顶和四壁的作用有相似之处，故称地球温室效应。

　　大气中，能造成温室效应的气体称为温室气体，它们可以让太阳短波辐射自由通过，同时又能吸收地表发出的长波辐射。这些气体既包括大气层中原来就有的水蒸气、二氧化碳、氮的各种氧化物，也包括近几十年来人类活动排放的氯氟甲烷、氯氟化碳、臭氧和氟利昂等。应该指出，大气中少量温室气体的存在和恰到好处的温室效应对人类是有益的。要是没有温室气体，近地层平均气温要比现在下降33℃，地球会变成一个寒冷的星球。

　　但是近100年来，由于人类活动释放出大量的温室气体，打破了自然界的平衡，加强了地球的温室效应，使全球急剧变暖，由此给全球环境带来许多负面影响。目前，温室效应的增强已成为影响环境的全球性问题。

　　近100年来全球的气候正在逐渐变暖，与此同时，大气中温室气体的含量也在急剧地增加。许多科学家都认为，温室气体的大量排放所造成温室效应的加剧可能是全球变暖的基本原因。气象观测记录表明，过去100年中，全球

温室效应示意图

的平均气温升高了0.3℃～0.65℃。利用复杂的气候模式，有专家估计全球的地面平均气温会在2100年上升1.4℃～5.8℃。而在过去的1万年中，根据南极冰芯钻探推测全球平均气温的变化幅度都不曾超过2℃。事实上，地球是个极其敏感的生态系统，平均气温的任何微小变化都会对人类的生存环境产生剧烈的影响。

温室效应加剧将在全球范围内对气候、海平面、农业、林业、生态平衡和人类健康等方面产生巨大的影响。全球气候变暖会使冰川融化、海平面升高，侵蚀沿海陆地，引起海水沿河道倒灌。据卫星观测，在过去的100年内，全球海平面平均上升了10～25厘米，并且还在不断上升。海平面升高的后果是极其严重的，它将直接威胁到沿海国家以及30多个海岛国家的生存和发展。联合国的专家小组经电脑模拟试验后曾得出这样的结论，当2050年全球海平面升高30～50厘米时，世界各地海岸线的70%、美国海岸线的90%将被海水淹没。美国环保专家的预测更令人担忧，再过50～70年，巴基斯坦国土的1/5、尼罗河三角洲的1/3以及印度洋上的整个马尔代夫共和国都将因海平面升高而被淹没；东京、大阪、曼谷、威尼斯、圣彼得堡和阿姆斯特丹等许多沿海城市也将完全或局部被淹没。

全球气候变暖会影响植物的生长，种子植物会由于高度与纬度气候变

化过快、移动速度跟不上而不能发育成长。全球气候变暖也会由于降雨量的改变而给一些地区带来灾难，干旱地区将更加干旱，多雨地区将洪水泛滥。异常天气将会给很多国家的粮食生产、水资源和能源带来严重影响，所以，气候变暖既危害自然生态系统，又威胁人类的食物供应和居住环境。生物是全球变暖首当其冲的受害者。森林、湿地和极地冻土的破坏，导致生存在其中的许多物种加速灭绝。海水变暖、冰川融化和海平面升高，大片沿海湿地上的水产养殖将被吞没，平原上的水稻种植遭受的经济损失将无法估量。许多科学家担心，在人类改造地球的活动中影响最为深远的是地球升温，因为它会使其他变化发展为灾难。

 ## 七、美丽的冰川、河流为什么在"瘦身"

在全球变暖的大趋势下，许多冰川、河流正在发生不可思议的变化，它们正在"瘦身"。

"瘦身"是什么意思？冰川、河流的面积和流量正在减少，它们在一步又一步地收缩自己的地盘，因为它们抵挡不住全球变暖的攻击。

先来看看我国的冰川、河流有哪些变化。

(1)乌鲁木齐齐河源一号冰川在退缩

我国西北各山系冰川面积自小冰期以来减少了24.7%，达7000平方千米。乌鲁木齐齐河源一号冰川在1962年至1980年间退缩了80米，1980年至1992年间又退缩了60米。在乌鲁木齐河流域，根据1964年航测地形图计算到的冰川面积为48.2平方千米，1992年再次航测时冰川面积减至40.9平方千米。专家估计，伴随着全球进一步变暖，我国山地冰川将继续萎缩。到2050年，我国西部冰川面积将减少27.2%，其中海洋性冰川减少最为显著，减少比例可达52.2%。

你也许会在心底问："冰川、河流萎缩有什么可怕的后果呢？"那些

美
丽
的
地
球
家
园

冰川、雪山是我国许多重要河流的发源地，它们大规模萎缩的一个严重的后果就是使这些河流断流，这关系到亿万人的生存。

(2)青海湖的水位在下降

湖泊水位作为降水和有效降水的记录，能反映出气候的空间变化和区域特征。气候变暖所导致的湖泊水位下降和面积萎缩，已经在很大范围内显现。

青海湖是我国第一大内陆湖泊，也是

冰川消融

我国最大的咸水湖。它浩瀚无边，波澜壮阔，是大自然赐予青海的一面巨大的宝镜。青海湖古代称为"西海"，又称"鲜水"或"鲜海"；藏语称它为"错温波"，意思是"青色的湖"；蒙古语称它为"库库诺尔"，即"蓝色的海洋"；由于青海湖一带早先属于卑禾族的牧地，所以又叫"卑禾羌海"；汉代也有人称它为"仙海"；从北魏之后才更名为"青海"。

正在消融的乌鲁木齐齐河源一号冰川

青海湖面积达4456平方千米，环湖周长360多千米，比著名的太湖大一倍多。湖面东西长、南北窄，略呈椭圆形，乍看上去，像一片肥大的白杨树叶。青海湖水平均深约19米，最深处为28米，蓄水量达1050亿立方米，湖面海拔为3260米，比泰山高出一倍。由于这里海拔高，气候十分凉爽，即使是烈日炎炎的盛夏，日平均气温也只有15℃，是理想的避暑胜地。

青海湖水位在过去500年曾有过较大的升降，特别是近百年来，出现直线下降的趋势，在1908年至1986年间下降了约11米，湖面缩小了676平方千米。按照缩减的面积计算，相当于青海湖平均每年要缩减一个杭州西湖的面积。

有专家预测，如果按照现在的速度不断萎缩，平均水深为18米的青海湖将在200年后完全消失。

美丽的青海湖

(3)我国的海平面在上升

我国海平面近50年呈明显上升趋势，上升的平均速率为每年2.6毫米。专家估计，到2030年我国沿海海平面上升幅度为1厘米至16厘米，到2050年上升幅度为6厘米至26厘米，预计21世纪末将达到30厘米至70厘米。这将使我国许多沿海地区遭受洪水的几率增大，遭受风暴影响的程度和严重性加大。

对中国来说，如果海平面上升1米，上海将有1/3的地区将被海水淹没。到时候，大量沿海低洼地区的民众将内撤，其结果不仅是食物和水资源越发稀少，也会带来由于人口大量迁移而引发的政治和社会的动乱。

冰川面积的减少、湖泊水位的下降及面积的萎缩和海平面的上升，这些正是全球变暖有力的证据。

不仅是冰川、河流在"瘦身"，地球上的冰河和冰帽也在加快速度"瘦身"，它们现在的融化速度是近5000年来最快的。

新数据显示，南美洲的安第斯山脉、非洲坦桑尼亚境内的乞力马扎罗山和亚洲的喜马拉雅山上的巨型冰块正以前所未有的速度变小。在高空拍摄的照片显示，冰河加速退却，结了冰的植物数千年后被发现，还有冰柱样本的化学成分，都在显示全球变暖的影响正在加剧。

濒临消失的冰帽

冰河消失，不仅会导致海平面上升，也将大大影响以冰河为水源的数以百万计的居民。美国科学家汤普森说："山上冰河大规模地退却，可能是全球变暖最有力的证据。因为它们融合了很多气候可变因素。"

目前一些地区气候变暖和相关的冰河退却情况是5000年来所未见的。山上冰河以惊人的规模快速退却，不仅造成海平面上升，同时也威胁着全球人口最多的地区的淡水供应。

我们来看看秘鲁安第斯山脉克尔卡亚雪山的戈里·卡利斯冰河的情况。

科学家们经过比较发现，该冰河1991年至2005年融化的速度竟是1963年至1978年间的10倍。科学家们最近的预测结果显示，戈里·卡利斯冰河将在5年内消失。

近年，秘鲁冰帽周围有50个地点出现冰雪消融现象，冻结在冰里的植物被人们发现。研究显示，这些植物大部分都保存了至少5000年。这些冻结在冰里的植物被人们发现并不是什么好事，因为这些植物会释放大量的温室气体二氧化碳，加快全球变暖的步伐。

由于受全球气候变暖和环境污染影响，秘鲁境内雪山的冰雪逐渐融化，导致该国冰川面积在最近30年减少了21.8%。

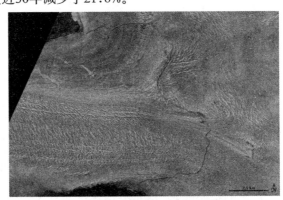

卫星拍摄到的秘鲁冰川消失图

卫星拍摄的照片显示，秘鲁冰川面积已从30年前的2041平方千米减少到目前的1595平方千米。冰雪消融影响着秘鲁境内的18座冰川，其中秘鲁第三高雪山、南部阿雷基帕省的科罗普纳雪山的冰川面积在最近30年至少减少了71平方千米。

地球平均气温升高是导致冰雪融化的主要原因，这是因地球自身发展、干旱和人类活动引起的现象。

地球"发烧"，冰雪覆盖的世界屋脊也无例外地受到"热浪"的冲击。我们随科学家们到常年积雪的喜马拉雅山去看看，那儿发生了什么呢？

我国科学家于2001年和2002年在位于珠穆朗玛峰北侧海拔6518米的冰川上钻取了3个冰芯，为研究喜马拉雅山2000年来的气候变化提供了大量数据。

每年夏天，珠穆朗玛峰这一高海拔地区的表面积雪部分会融化，融化的雪水会渗透到雪层深处重新冻结。这个过程影响冰川内所含气泡的密度和体积，即冰川内的气体含量与夏季雪水融化程度直接相关。

科学家对珠穆朗玛峰冰芯取样结果进行分析后发现，近年来喜马拉雅

环保进行时丛书
HUANBAO JINXING SHI CONGSHU

山冰川内蕴藏的气体量比2000年前明显减少，也就是说夏季冰川表层的雪融量比2000年前显著增加。

科学家们目前还不能根据冰川内的气体含量准确计算出2000年来的气温升高具体数值，但有一点可以肯定，全球气候变暖已对喜马拉雅山常年积雪产生影响。连喜马拉雅山常年积雪也发生了融化，看来地球"病"得不轻。

前面我们讲了全球变暖，喜马拉雅山上的积雪开始融化，我们再来看看世界最高峰珠穆朗玛峰有什么变化。

据我国科学家观测，从1966年至1999年，珠穆朗玛峰的高度从8849.75米降低到8848.45米，总降低值为1.3米。如果按年降低值算，1966年至1975年间，珠峰降低得比较快，接近每年0.1米；1975年至1992年间，降低过程减弱，只有0.01米；而1992年至1998年间，降低过程又快速增大，接近0.1米；1998年到1999年，达到了0.13米。

珠穆朗玛峰为何在短期内降低得如此迅速呢？科学家们首先肯定这个现象不是地壳运动的结果。地壳运动只会让珠峰变得更高，那么珠峰降低只能从气候对冰川的影响方面去解释。还有，在海拔8848米处不存在冰川退缩导致的冰面下降的问题。但冰川成冰作用过程的改变则可以导致冰面的降低。

珠峰顶部的雪冰到底有多厚仍然是个谜。现有的珠穆朗玛峰顶部最大雪深数据是2.5米，这是由意大利登山队用测杆法观测获得。由于用这种办法不能测得雪的准确厚度，更不要说冰的厚度，所以可以肯定地讲，珠峰顶部雪冰厚度远大于2.5米，可能在10多米到几十米之间。在全球变暖以前，这一高度的冰川作用过程是在雪的自重力作用下的密实化作用过程，在这种过程下由雪变成冰是十分缓慢的，和南极、北极地区的成冰作用过程十分相似。

全球变暖以后，由于气温上升，加速了由雪到冰的转化过程，冰川的密实化过程加快，从而导致冰面的急剧降低。实际上，从1992年开始的珠峰高度急剧降低时期正好对应气候急剧变暖时期。

所以，从1966年至1999年，珠峰的高度总体降低1.3米，并且继续在降

大陆冰川

冰川消融

低，应该是气温升高、冰川密实化过程的结果。

冰川储存了地球4/5的淡水资源，是地球上最大的淡水资源，也是地球上继海洋以外最大的天然水库。冰川在孕育人类文明中起着重要作用。然而，由于全球气候逐渐变暖，全球的冰川正以惊人的速度融化、变小，而且融化的速度越来越快。

高山上的冰川变小，会给我们的生活带来怎样的影响呢？

冰川消融变小，短期会导致河流流量增加，造成中下游洪水频繁发生；冰川融水最终将流入海洋，导致海平面升高，进而将导致许多城市被淹没。从长期看，冰川的持续退缩会使冰川融水补给的河流流量逐渐减少，对内陆河流造成很大影响。它会使河流干涸，发生严重的缺水危机，并引起土地退化等问题；冰川大面积消融、变小，附近的山体将变得更加

不稳定，容易引发碎屑流和泥石流，在山谷里出现大量的堆积物，河流泥沙陡增，对下游的农业生产带来不利影响。

冰川融化对我们的地球家园具有极大的潜在威胁：一方面冰川融化会导致永久冻土层裸露，裸露的冻土层会解冻，冻土层解冻又会源源不断地向大气中释放出数百亿吨的甲烷，从而加速气候升温；另一方面，冻土层解冻会使埋藏在冰盖中几百年甚至几千万年前的微生物暴露出来，微生物的扩散会影响人类的健康。

冰川消融后退主要与全球气候变暖有关，因此，为了保护我们的地球家园，让我们努力践行低碳生活，减少温室气体排放，控制环境污染，减少对高山地区的人为破坏，为冰川区提供自动修复的空间吧。

第六章

地球要降温，我们要低碳

一、碳，可怕的碳

如果我们得病了，我们都希望医生在为我们治病时能一次性将"病根"除去，谁都不愿医生只是从表面上治了病而实质上留下一个大隐患，也就是我们常说的，治标而没有治本。

同样，对于全球变暖，这一致"病"的根源在哪里？找到了"根"，我们才能制订最佳的治疗方案。

众所周知，全球变暖的病因是全球气候系统热收支平衡上升，引起这个平衡上升的最主要的原因是"温室效应"加剧造成的，而"温室效应"之所以加剧，其根本原因就是大气中的二氧化碳等温室气体含量升高引起的。

我们用剥竹笋的办法，通过层层地剥，现在可以清楚地看出，全球变暖的"病根"就是大气中的二氧化碳等温室气体含量升高。

因此，要从根本上消除全球变暖这一地球面临的"疾病"，那么就要尽可能地使大气中的二氧化碳等温室气体含量降下来。

一个问题摆到了桌面：引起大气中二氧化碳含量升高的主要原因又是什么

被破坏的植被

呢?

这个问题，我们前面分析，那就是大规模砍伐森林和燃烧煤炭、石油天然气等燃料，特别是燃烧化石燃料现在已是大气中温室气体上升的根本原因。

找到"因"后，我们就会制订方案了。第一步，当然要制止大规模砍伐森林，相反，要大力提倡植树造林，保护植被；第二步，就是尽可能地降低燃烧化石燃料量，也就是限制温室气体的排放量。

方案拟出了，可是要执行还有很多难度。现在请你先想想，有哪些困难呢？我们下面再来讨论。

全面制止全球变暖将会是困难的，它是一场持久的、需要世界各国协调统一行动的"战争"，当然也绝不是没有办法完成的任务。它的艰难性当然也主要体现在"持久"和"协调"上，这涉及到世界各国的政治、经济利益。我们简单分析一下。

先来说砍伐森林、破坏植被的情况。

对森林的大规模砍伐，在19世纪时比较严重，因为那时我们人类可能还没有一个系统的概念认识环境问题，只是强调经济和科技的发展。森林覆盖率虽然在那时已大幅下降，但人们并没有真正意识到它所造成的恶果。那时的我国尚处于列强的蹂躏之下，国家的安全都没法保证，当然就更没有办法去关注砍伐森林的事情。应该说，地球森林覆盖率的真正下降是那时造成的，我们现在只是在为恶果买单。

现在森林覆盖率的减少，主要是经济不发达国家和地区的人们造成的。原因主要有两点：一是人口增多造成直接的粮食危机，为了养活日益增长的人口，他们会自觉地、不停地砍伐森林，将美丽的森林变成农田耕地，如亚马孙热带雨林面积减少就是这个原因；还有一个原因是经济发展的问题，穷困地区的人们要发展经济，要改善生活，就要修路，而修路会占用耕地，会穿山，会在一定程度上破坏森林。但随着科技的发展，人们环境意识的提高以及基础设施的日渐完善，森林和植被的破坏会减少。

相反，在许多经济发达国家，由于整体意识提高，基础设施日趋完善，环保意识逐渐加强，他们的森林覆盖率在上升，包括我国，就是一个很好的证明。

因此，有效控制人口的增长，提高不发达国家和地区的经济、文化水平在一定的程度上是解决全球变暖的一个方法，这需要发达国家为发展中国家提供大量的经济和科技方面的援助。这在一定程度上说也是帮人为己。

我们来说说燃烧化石燃料排放量的问题。

汽车尾气排放

限制燃烧化石燃料排放量最大的阻碍是对经济发展的影响。现在全球经济的持久动力在很大程度上依赖燃烧化石燃料，如发电、交通运输、取暖等等，大规模限制燃烧化石燃料排放量会造成直接经济损失。再说我们在能源的使用上还没有真正找到能有效取代化石燃料的好能源。我们现在正在有效地利用对环境无害的能源技术，例如风能、水能和太阳能，几乎可以同最便宜的矿物燃料相竞争。

就具体的限制燃烧化石燃料排放量来说，其障碍主要在发达国家，特别是美洲国家、澳大利亚、新西兰等国家及其邻近岛屿和欧洲诸国是目前化石燃料排放量最多的国家，它们占了全球化石燃料排放量的75%以上，而这其中美国就占了1/3，即25%。这些发达国家，特别是美国，为了自身利益，不愿意在限制燃烧化石燃料排放量方面作出让步，这是最大的障碍。

美
丽
的
地
球
家
园

国家在很大的程度上是自私的，他们都会在最大程度上保护本国人民的利益，而让别国人民作出某些方面的牺牲，特别是有霸权倾向的国家，表现得更加明显。这是人类的悲剧，也是人性可悲的一面。地球不是某个国家或民族的地球，而是全人类的。

当然，我们人类还是有许多可取的方面的，毕竟全球变暖是一场全人类的危机，我们人类当然愿意采取集体行动，虽然某些大国并不积极，但行动已在许多国家展开，并且陆续有越来越多的国家参与进来，这是人类的希望所在。

二、为了低碳，世界齐努力

随着"全球化"这一概念不断地被赋予新的含义，扭转全球变暖趋势，给人类的子孙后代留下一个可供生存、可持续发展的环境，已成为世界各国的共识，也是生活在地球上的每一个人应尽的责任和义务。

1. 第一个努力——《联合国气候变化公约》

面对全球变暖的危机，人类早就采取了行动、作出了努力，那么第一个努力是什么呢？

第一次国际性的努力是1992年在里约热内卢地球峰会（地球最高会议）上签订的《联合国气候变化公约》。根据该公约，工业化国家同意到2000年将他们的温室气体排放量稳定在1990年的水平。可是很遗憾，有许多国家并没有做到。

到2000年，美国的排放量增长超过了13%。欧盟国家曾经设法将排放量保持在1990年的水平以下，英国和德国曾大幅度减少烧煤量，但最终被西班牙和爱尔兰等国大量增加烧煤量所抵消。我们知道，20世纪八九十年代，苏联和东欧国家由于国内动乱，他们的工业很大程度上处于崩溃的状态，这些国家中许多国家的排放量减少了30%或更多。总的来说，在20世纪，全球的排放量增加了6%。仅仅美国增加的温室气体排放量在20世纪就占全球增加量的一半，超过了中国、印度、非洲和拉丁美洲增加量的总和。

2.第二个努力——《京都议定书》

第一个努力总体来说是失败了，但我们已看到世界上有许多国家已作出了实际的努力，世界各国已经在采取实际行动，开始限制温室气体的排放量。

有了第一步，第二步紧跟着来了。

《联合国气候变化公约》的缔约国经过最终审定，认为即使各缔约国实现了公约中承诺的所预期达到的目标，也不能使全球温室气体排放量达到预期水平，以减缓全球变暖的步伐。也就是说，缔约国指标还不够高，还需要进一步加强细化并且要有强制性的承诺。

1997年12月11日，为了使地球在21世纪免受气候变暖的威胁，149个国家和地区的代表在《联合国气候变化框架公约》缔约方第三次会议上通过了《京都议定书》。这个议定书通过了一项决议，到2010年多数工业化国家要减少6种主要温室气体的排放量。具体目标是：以1990年的水平平均每年减少5%的排放量，但对欧盟国家(EU)来说，可以平均减少8%，而澳大利亚则可增加8%、冰岛可增加10%，因为这两个国家争辩说，它们有特殊需要。美国答应减少7%。议定书允许俄罗斯维持不变的目标，尽管如此，俄罗斯的排放量从1990年以来一直在下降。发展中国家没有目标，它们的人均排放量大都远远低于工业化国家的排放量。

在京都会议上，还同样提出一系列"灵活机制"，旨在使各国更容易、更节省地达到目标。这些机制包括各国种植与管理森林以吸收二氧化碳来抵消增加的排放量、买卖污染处理权，以及向发展中国家投资廉价的、排放量低的项目来获取信贷。美国于2001年初从协商过程退出，同年7月在波恩通过了关于这些机制的一项"规则书"。

我们应该看到，《京都议定书》只是限制温室气体的排放以减慢大气

中温室气体含量升高的速度，但是还是有大量的温室气体排入大气中，温室效应还是会加强，全球气候还是会变暖。这并不能从根本上阻止全球变暖的趋势。

是的，《京都议定书》并不能从根本上阻止全球变暖，或扭转全球变暖的趋势，它只是走出了实现大量减少排放量目标的一小步，但这种大量减少排放量将会是在空气中长期保持稳定的温室气体浓度所需要的。如果空气中长期稳定温室气体浓度，全球变暖的步伐就会变慢，我们的地球就有足够的时间适应对温室气体的自然吸收，加上我们人类本身的努力，就有可能化解这场危机，使地球"冷"下来。

当然，也不能忽略一个不利的消息，其实就算从现在开始起，立即停止温室气体的排放，由于大气中的温室气体含量已经升高，它所造成的增温变暖现象还是会继续。当然，升温的幅度会缓慢很多。这就是全世界设定一个限度的根本原因。全球变暖速度缓慢下来了，我们才有时间想办法，地球本身才有足够的时间化解全球变暖造成的危害。这叫用时间来"疗伤"。只要有足够的时间，温室气体产生的升温效应就会被自然无形地化解，就像我们的伤口在时间和药物的治疗下，会慢慢痊愈一样。

三、低碳减排离不开新能源

我们知道，现在大气中温室气体增加的主要原因是燃烧化石燃料。那么要降低温室气体的排放量，就必须在控制燃烧化石燃料上下工夫。治病要对症下药，找到"病根"。

可是经济要发展，所需的能源量会越来越大，也就是说需要燃烧更多的化石燃料才能满足经济的发展，这两者有矛盾呀！

是的，限制燃烧化石燃料和发展经济之间存在着很大的矛盾。不然，就可以轻松地说一句人类不再燃烧化石燃料就得了，那多省事呀。

经济要发展，能源还是要大量使用，但还是可以减少燃烧化石燃料，因为我们的科学技术水平也在不断地提高，可以从两个方面降低燃烧化石燃料。

一是提高化石燃料的利用效率，使燃烧相同的化石燃料能创造更多的经济价值。

二是寻找可替代化石燃料的清洁能源。

我们应该看到，尽管地球上许多国家正在继续推进工业化，但二氧化碳排放量的增长速度已经放缓了。近年来碳排放量增长缓慢主要归功于两点，我们现在来具体看看。

第一个点：化石燃料的利用效率提高了。

我们前面就已经了解到，全面停止燃烧化石燃料是不可能的，因为经济的发展在很大的程度上还要以燃烧化石燃料来推动。它们现在依然是经济发展的血液。

你想想，要不是石油现在依然对全球经济的发展非常重要，美国会花那么大的代价去攻打伊拉克吗？

既然化石燃料现在的"能源霸主"地位暂不能改变，各国经济发展都离不开石油，而用石油，就不可避免地有碳排放，我们又怎样才

工业废气

能降低碳排放量呢？这个问题其实好解决，那就是依赖科学技术提高化石燃料的利用效率。

打个比方，工业革命初期，每创造1美元的经济价值，需要燃烧10千克煤；而随着科技的进步，现在创造1美元的经济价值，只需要燃烧2千克煤，也就是说化石燃料的利用效率提高了5倍。那么在创造相同财富时，我们对化石燃料的需求量就大大降低了。化石燃料需求量降低了，碳排放量当然也随之下降。

据科学家估算，从全球看，获取每1美元的经济效益所排放到空气中的碳，自1950年以来下降了41%。

就拿我们中国来说吧。在20世纪90年代末，我国的碳排放量减少了18%，但我国的经济已增长了30%以上，碳排放量的降低大部分是通过关闭煤矿和小型无效率的工厂实现的。1996年到2000年，我国煤的使用量减少了27%。这种转变是很大的，足以使全球矿物燃料的使用量有所减少。

当某些矿物燃料更加稀少和昂贵时，当能源利用更加有效率时，当"绿色"技术的利用更加普遍时，发展中国家将会利用21世纪的能源技术实现国家工业化，而不需要走发达的资本主义国家先污染后治理的工业化过程的老路。

这就是依赖科技进步，提高化石燃料利用率的功劳。

第二个点：可替代化石燃料的清洁能源的利用。

尽管科技水平提高了，也提高了化石燃料的利用效率，可是只要使用化石燃料，还是会有碳排放。而有碳排放，就会增加大气中温室气体的含量，从而加剧温室效应，引起全球变暖。

你可能在想：要是能寻找到可替代化石燃料的清洁能源，那该多好。我们就不用担心碳排放，也不用担心生态系统遭破坏，而且我们也用不着担心能源危机的发生。

科学家们正在从这方面着手，开发清洁能源。

那么什么是清洁能源呢？

清洁能源是指不排放污染物或只排放低污染物，对生态无害的能源。它包含两方面的内容：

(1)可再生能源：消耗后可得到恢复补充，不产生或极少产生污染物，如太阳能、风能、生物能、水能等。在可再生能源中，以太阳能最清洁，其次是氢。氢是含能量很高的无污染燃料，它是可以用其他能源制造的二次能源，它燃烧时与氧反应能化合成水，不产生污染物。可再生能源不存在能源枯竭的可能，因此日益受到许多国家的重视，尤其是能源短缺的国家。

(2)非再生能源：在生产及消费过程中尽可能减少对生态环境的污染，包括使用低污染的化石能源（如天然气等）和利用经清洁能源技术处理过的化石能源，如洁净煤、洁净油以及核能等。

显然，可再生能源是最理想的能源，它可以不受能源短缺的影响，应该大力推广。可是大力应用可再生能源也有几个很大的难题，我们简单介绍一下。

第一，这种能源的产生受自然条件限制，如需要有水

风力发电

力、风力、太阳能等。

第二，投资和维护费用高、效率低，所以发出的电成本高。这一点是影响可再生能源利用最主要的阻碍。你想想，要不是这样发电的成本过高，谁还去用煤这种价低但污染严重的能源发电！要知道，世界85%以上的电力还是通过燃烧煤进行火力发电呀。

环保进行时丛书
HUANBAO JINXING SHI CONGSHU

美
丽
的
地
球
家
园

不过随着科技的发展，现在许多科学家正在积极寻找提高可再生能源利用效率的方法，相信随着地球资源的日益短缺，可再生能源将发挥越来越大的作用。

下面我们来看下清洁能源的利用情况。

(1)风力发电

其实，我们的祖先早就懂得使用风能了，比如使用风车推磨，比如给船装上帆，让船借风力行驶。既然风能推磨、能使船前进，那么应该也能推动发电机组发电呀，用风力发电多好！

许多国家都建立了大型风力发电站，加上风力发电在可再生能源发电技术中成本最接近常规能源，因而也成为产业化发展最快的清洁能源技术。

根据全球风能顾问委员会通报，2004年世界风力发电量提高20%，达到47317兆瓦。欧盟各成员国名列榜首，2004年风力发电量为34205兆瓦，占全球风力发电总数的72%，比2003年增长了20%；北美位居第二，总量为7184兆瓦；其次是亚洲，总量为4674兆瓦，其中，印度、日本、中国分别为3000兆瓦、873兆瓦和764兆瓦。

世界各国中，德国的风力发电量最多，2004年达16629兆瓦，占全世界风力发电总量的35%；西班牙位居第二，风力发电量达8263兆瓦；美国和丹麦分别位居第三和第四。

如今风力发电已成为可再生发电的主要办法中一种

太阳能发电设备

切实可行的、经济实惠的办法。据美国风能协会称，在过去的20年间，技术的进步已经意味着风力发电成本由每千瓦小时40美分下降到5美分，甚至接近了成本为3.5美分的最便宜的商业能源天然气的成本。

看来，风力发电大有前途。

(2)太阳能

你先想想，我们日常利用太阳能最常见的方式有哪些？比如太阳能热水器。我们发射到太空去的卫星、空间站等航天器，也是利用太阳能获得能量。可以说，太阳能已走进了我们的日常生活。

太阳能发电的发展甚至比风力发电的发展还要快。它在20世纪90年代年增长率为30%。光伏电池（太阳电池）也称太阳电池板，它利用光敏半导体发电。它们可以为单个的建筑物提供电力，或安装在大型阵列中，向一个电网系统供电。英国一家公司将为一个典型的家庭装备足够的屋顶太阳电池板，为其提供动力，并将剩余的电力在晴天卖给电网。未来的建筑物可以在墙上和屋顶上安装太阳电池板。

你也许会纳闷：既然太阳能的利用发展得如此迅速，它有没有可能取代我们如今交通的主要动力——化石燃料呢？如果我们的汽车都使用太阳能作动力，那不是两全其美吗？既可以从根本上降低废气的排放量，也让我们不必为汽车的燃料担心，那该多好！

也许未来真的会是这样，不过现在还不行。尽管现在已有太阳能车。但有两个问题还亟待解决：一是太阳能车的成本太高，当然这不是主要的；二是它提供的动力还很有限，远远比不上用石油作动力的汽车方便、快捷。

(3)核能

自从爱因斯坦提出质能联系方程——$E=mc^2$，原子能利用就有了理论依据。考你一个小问题，人类最早应用原子能是以什么方式？告诉你，是原子弹。这对人类既是喜事，又是一种悲哀。当1945年7月16日人类历史上第一颗原子弹试爆成功时，参与研制原子弹的科学家们在欢喜之余也陷入震惊：这种武器太可怕了，它爆炸所带来的打击将是毁灭性的，危险程度是常规武器无法比拟的。广岛、长崎的悲剧，虽然过去了60多年，但那

美
丽
的
地
球
家
园

警钟仍在全人类的耳边长鸣。而二战后，苏联与美国所制的核武器的总当量，足以将地球毁灭十几次，更使全人类时刻面临一种可怕的危机。正是这种危机感，使科学家们反对大规模使用核能，以缓解全球变暖的危机。我们不能从一个火坑里跳出，又跌入另一个可怕的火坑呀！

　　核能也属于一种可再生的清洁能源。核电站的投资成本高，而且几乎所有的国家，包括技术和管理最先进的国家，都不能保证核电站的绝对安全。苏联的切尔诺贝利事故和美国的三里岛事故影响都非常大，日本在2011年3月也出现了核泄漏事故。更为致命的是，核电站已经成为战争或恐怖主义袭击的主要目标。核电站遭到袭击后会产生严重

核电站

的后果，所以目前发达国家都在缓建核电站。而且许多环境学家反对用核动力来解决全球变暖，因为他们担心核安全问题与随之而来的核废料的处理问题，以及核扩散的风险问题——将发电厂的核材料变成核武器。

　　正因为使用核能存在一系列的可怕隐患，因此很难大规模使用核能，更别说用它来代替化石燃料啦。

　　(4)生物燃料

　　对气候有益的生物燃料到现在已经成为一种新的商品。这种燃料的优点是：树木、作物以及农场废料可以直接取代发电厂的煤，甚至比煤更好，可以蒸馏生产乙醇。这是一种高度浓缩的燃料，它可以在发电厂燃烧，也可以直接在车辆发动机里燃烧，我国现在正在大力提倡使用乙醇作燃料。

(5)水力发电

提到水力发电，你可能首先想到我国的世纪工程——三峡水电站。那么你还知道其他的水力发电站吗？黄河上有哪些？长江上还有哪些？

我们先来说说水力发电的原理。

水力发电是将河川、湖泊等位于高处的水流引至低处，将其中所具有的势能转换成水轮机的动能，推动发电机产生电能。

水力发电有哪些优点呢？

水力发电有许多有利的地方，如能源清洁、一次投资长期受益、能源储量大等。还有，水坝可以调节河流、湖泊等水源的水位，以缓解整个流域的洪涝和干旱形势。河流蓄水后水位升高也有利于航运。因此，水力发电是一种重要能源来源，它能在一定程度上、在短期内减缓全球变暖。

三峡水电站

当然，水力发电也存在许多弊端，比如阻断鱼类（比如中华鲟）洄游道路，妨碍它们产卵，从而对生态系统产生严重的破坏。上游水位的上升一方面会破坏上游地貌，淹没部分城镇，破坏生态环境；另一方面，水位上升会改变局部地壳压力，可能引发地质灾害。而且大坝会拦截泥沙，既损害了水库，同时又造成流往下游的淤泥减少，从而无法养育三角洲和海岸线。这样，水库就会增加海平面上升的威胁。最后，许多水库中腐烂的植物释放出大量的温室气体，例如甲烷。但比起通过燃烧化石燃料发电来说，水力发电产生的温室气体少多了，在短期内能迅速降低温室气体的排放量。但水坝属战略设施，战争时期是重点打击目标。如果水坝倒塌，会严重威胁下游安全。

正是由于这些弊端，如今有不少科学家反对兴建水电站。

(6)用天然气代替煤

我们知道，在化石燃料中煤的燃烧率最低，尤其是那些未完全生成的煤，而天然气燃烧率最高。如果煤可以被天然气取代的话，产生相同的动力，释放出的二氧化碳的量可降低一半多，可以在短期内降低二氧化碳的排放量，为新技术的发展提供时间。

(7)氢燃料电池

汽车和航空业是造成如今全球气候变暖的罪魁祸首。

交通运输业是二氧化碳排放量上升最快的行业。全球各种类型车辆温室气体的排放量每年上升2.5%，在亚洲则上升7%，因为亚洲是汽车拥有量增长最快的地方。同时，对车辆的真正意义上的改进已被车辆使用量的直线上升所超过。这一点在亚洲，尤其在我国表现得更为明显。说句心里话，望着大街上越来越多的私家车，你想想，随着车辆的无限增加，我们就不得不拼命扩建基础设施，而扩建基础设施不仅要耗费大量的能源，更要大量地破坏植被和占用土地。这一方面增加了温室气体的排放量，另一方面可能导致毁林，对限制温室气体的排放没有一点儿益处。可是经济要发展，交通运输会变得越来越频繁，也就是说对汽车的需求量会越来越大，怎么办呢？真是一个伤脑筋的问题。

如何解决这些越来越尖锐的矛盾呢？只能依赖科技，制造全新的汽车。前面我们提到几种汽车，如替代燃料车、太阳能汽车、电池电动车和氢燃料电池车。这几种新型车中，替代燃料车已经在普及，太阳能汽车和电池电动车已经生产出来。但这些车实用性还不够，有待进一步改进。而氢燃料电池车则是未来汽车业的一个主要发展方向，这种新型车已经在欧洲不少国家应用，是名副其实的"绿色燃料"汽车。

你可能要问一个问题：氢燃料电池是怎么回事？是用氢气发电吗？

我们在此就补充说明一下氢燃料电池。

我们知道，氢是一种化学元素，自从出现了火箭和氢弹之后，氢又变成了航天和核武器的重要原料，成为一种重要的能源。现在，科学家们又研制了一种方法，将氢制成氢燃料电池，为人们提供电能。那么，氢气是怎么发电的呢？

氢燃料电池发电的基本原理是电解水的逆反应，把氢和氧分别供给阴极和阳极。氢通过阴极向外扩散，和电解质发生反应后，放出的电子通过外部的负载到达阳极。

氢燃料电池与普通电池的区主要在于：干电池、蓄电池是一种储能装置，是把电能贮存起来，需要时再释放出来；而氢燃料电池严格地说是一种发电装置，像发电厂一样，是把化学能直接转化为电能的电化学发电装置。另外，氢燃料电池的电极用特制的多孔性材料制成，这是氢燃料电池的一项关键技术，它不仅要为气体和电解质提供较大的接触面，还要对电池的化学反应起催化作用。

现在石油公司和汽车制造商也同意氢燃料电池车是世界汽车的发展之路。不过，在来自氢的能源随处可得并且价廉物美之前，还是很少会有人愿意将其汽车处理掉而换成氢燃料汽车。这种新型车的实际应用和普及还有一些"坎儿"。

当然，还有其他的清洁能源，我们在此就不介绍啦。

 ## 四、世界低碳化趋势

联合国气候变化大会年年开，各国年年有承诺，各国也年年有行动，只是承诺和行动在程度上有所不同。

这里，我们先看看各国的承诺和要求。需要说明的是，西方大国的承诺基本上很难兑现。

在哥本哈根气候变化会议前夕：

欧盟承诺，至2020年在1990年基础上减排20%，如果其他发达国家有类似减排承诺，可以在1990年基础上减排30%。

欧盟支持发达国家在减排问题上承担主要责任的说法，提出在2020年前，发达国家应直接拿出220亿~500亿欧元的公共资金，支持发展中国家减排。

欧盟的目的是试图在应对气候变化的过程中重新确立国际领导地位。但是，欧盟的地位还没有强大到足以解开世界气候谈判僵局的实力，欧盟还要看美国的脸色。

美国承诺，至2020年，在2005年的基础上减排17%。美国强调发展中国家在全球减排上的共同责任，坚持发达国家和发展中国家共同对减排承诺，并进行独立核查，希望中美两国政府出资进行技术研发合作，各自负担半数费用。

美国不愿意在发展中国家减少二氧化碳排放之前，率先减少温室气体排放。美国的说法是，如果发展中国家不同时接受的话，美国就不接受带有约束力的限量标准。美国不同意在减排问题上承担主要的历史责任。

发展中大国的印度承诺，至2020年碳排放比2005年降低20%~25%。

印度要求发达国家应该率先采取措施，并且应当大幅度减排。工业化国家必须逐渐降低碳排放，而发展中国家则可以继续提高其排放水平，直到排放水平与发达国家接近时，发展中国家才需要开始减排。

印度进一步表示，如果有必要，将出台相关法律阐明其承诺，并给出具体数字。但印度的承诺主要是国内的行动计划，而不是对国际社会的承诺。

巴西承诺，至2020年在BAU（按原轨道发展的情景)基础上减排42%。巴西将在2020年使温室气体排放量达到2005年的水平，即每年排放22亿吨的目标，同时不影响年均国内生产总值保持4%的增长率。

另外，到2020年，巴西森林砍伐将减少80%，这意味着将减少48亿吨二氧化碳的排放。

南非承诺，到2020年削减34%的预期碳排放增加量。南非提出，必须考虑自工业革命以来，发达国家对气候变化造成的历史责任，大幅减排是发达国家的义务，发达国家应该为发展中国家提供资金和技术支持。

日本承诺，至2020年，在1990年基础上减排25%。日本希望建立一个全面、强有力的全球碳减排机制，到2050年将全球的碳排放量在1990年基础上降低50%。日本还承诺，为发展中国家特别是最不发达国家提供资金支持，包括公共资金与私人资金。

小岛国联盟呼吁，到2050年全球减排85%，将哥本哈根会议视为拯救地球的最后机会。小岛国联盟呼吁国际社会、尤其是发达国家率先采取行动，大幅减排温室气体，同时增加经济和技术援助，支持小岛国应对气候变化的能力建设。

雨林国家联盟希望，到2020年让发展中国家的森林乱砍滥伐减少50%。他们提出发达国家提供资金协助，由他们来保护雨林的观点。他们还提出，减少砍伐森林可以获得信用，这些信用可以在国际碳交易市场上出售，由发达国家建立的基金进行支付。

由马尔代夫、基里巴斯、孟加拉国、尼泊尔、越南、加纳、肯尼亚、坦桑尼亚、卢旺达、巴巴多斯和不丹11个国家组成的"气候最脆弱"国家，要求世界各国共同努力，确保气温上升的幅度不超过工业化时代前基础上的1.5℃，保证空气中温室气体的体积分数不超过0.35%。

中国的承诺和措施将在后面详细叙述。

上面的承诺形式各异，其根本目的是利用国际舞台，尽量有利于自己发展，并限制别人进步。这些承诺，大国是不一定会兑现的。然而，为了自身发展的需要，大国确实也正在努力发展低碳经济。

2009年，美国把培育低碳产业作为经济复苏计划的核心，明确提出逐步用新能源替代化石能源；日本宣布实施低碳革命，大幅度提高太阳能发电量和新型汽车使用量；欧洲也把可再生能源作为发展战略的重点。

历史经验表明，全球经济危机往往催生重大的科技革命。1857年的世界经济危机引发了电气产业技术革命；1929年的

联合国气候变化会议

第六章　地球要降温，我们要低碳

环保进行时丛书
HUANBAO JINXING SHI CONGSHU

世界经济危机引发了电子航天技术革命。2008年的经济危机则可能会催生以新能源产业为代表的低碳革命。

2003年，英国率先提出低碳经济概念，把低碳经济作为国家发展战略，制定可再生能源开发的具体目标。英国计划到2020年可再生能源的使用比重提升到35%，风电的比例争取达到20%以上。

日本在开发利用太阳能、风能、光能、氢能、燃料电池等替代能源和可再生能源，开展潮汐能、水能、地热能等方面的研究颇有成效。

日本制定法规和激励措施，鼓励和推动节能减排；调整产业结构，限制高能耗产业在国内发展，鼓励高耗能产业向国外转移。日本对节能指标做了具体的规定，全方位贯彻节能战略，推动企业自主构建适应低碳社会的生产体制。

在可再生能源领域，日本把太阳能利用作为重点。日本提出到2020年，太阳能发电量要提高到2009年的20倍；2050年，二氧化碳排放量比1990年削减70%，努力建设高生活品质的低碳社会。

2009年，日本进一步明确了经济发展的方向：一是低碳革命，发展太阳能技术，普及新能源汽车和低碳物流，实现资源大国理想；二是充实医疗和护理服务，实现健康长寿社会；三是在旅游观光等领域，发挥日本魅力。

欧盟、加拿大等都为应对气候变化作出了积极的努力。丹麦宣布，到2025年有望把哥本哈根建设成为世界上第一个碳中和城市。

美国的态度一向与其他国家相左，拒绝签署《京都议定书》，因而受到国际社会的普遍批评。但是，在可再生能源的发展方面，美国吸引的风险资本和私人投资最多，对发展低碳经济起到了积极的推动作用。

近年来，美国对低碳经济的认识发生了积极的变化，发展低碳经济得到了政府的重视，特别是奥巴马政府上台后，提出了新能源政策。

该政策包括：10年内投资1500亿美元，刺激私人投资清洁能源；到2012年，美国电能的10%来自可再生能源；到2015年，使用100万辆充电式混合动力汽车；到2050年，将温室气体排放在1990年水平的基础上降低80%。

该政策可以创造就业岗位，降低美国对外国石油的依赖程度，减少温室气体排放。这显示出美国要实现能源独立、提高经济持续增长能力、应对气候变化的战略意图。

能源的变革必定带动经济的变革。当新能源逐步取代传统能源时，经济就变得越来越无害于环境。

 五、我国低碳化发展之路

低碳化是中国发展的内在需要。中国的人口、资源、环境问题日益突出，资源禀赋与人口增长之间的矛盾日益加剧。中国不可能模仿发达国家，走先发展后治理的老路。发展低碳经济、建设低碳城市、实现生态文明社会是中国可持续发展的唯一出路。

多年来，中国政府一直关注经济结构转型升级，走可持续发展道路。然而，时至今日，中国的单位GDP耗能仍然是美国的3倍、德国的5倍、日本的近6倍。煤炭利用效率仅相当于美国的约29%、欧盟的17%、日本的10%。

据研究，从20世纪70年代开始，中国总体上开始出现生态赤字。中国消耗了全球生物承载力的15%，中国的需求是自身生态系统可持续供应能力的2倍多。

同时，中国的能源消费处于高碳状态。在中国，建1平方米的建筑，约排出二氧化碳0.8吨；生产1千瓦电，约排碳1千克。近年来，能源、汽车、钢铁、交通、化工、建材等高耗能产业加速发展，使中国在发展低碳经济的道路上步履更加艰难。

减少二氧化碳排放，缓解全球变暖问题，是中国义不容辞的责任和义务。中国已明确，在可持续发展的框架下应对气候变化。

工业化造成的全球变暖是发展带来的问题，要解决全球气候变暖问题也要靠发展来解决。

　　中国认为，全球气候变暖主要是由发达国家200年来排放大量温室气体所致，这些国家负有历史责任。美国等发达国家现在的人均排放量是中国的几倍，历史排放又非常多，它们应当对全球变暖问题承担主要责任。

　　中国不能接受共同减排的要求。发展中国家和发达国家在气候变化方面的责任和义务不能相提并论，不能作比较。中国的人均排放只是发达国家的几分之一。在提高生活水平方面，中国不会接受中国人只享有发达国家的几分之一权利的想法。

　　中国要求，由于人均和历史排放不一样，而且各国经济社会发展的程度不一样，发达国家要大幅度减少自身的排放。同时，向发展中国家提供资金，转让技术，加强新能源建设。

　　发达国家和发展中国家的发展阶段不一样，历史责任也不一样。对发达国家要有一个强制性的减排指标，而发展中国家是自主的减排行动。把这两者混淆起来进行比较是不合适的，这是中国的一贯立场。

　　中国的主张和行动是同步的。近年来，中国重视可再生能源的发展，建立节能减排目标责任制，非化石能源得到快速发展。

　　2008年，中国可再生能源利用量达到2.5亿吨标准煤，约占一次能源消费总量的9%。2008年，中国水电发电量2.8万亿千瓦时，居世界第一；风电总装机容量达到1221万千瓦，居世界第四位。

　　在太阳能综合利用方面，中国也有长足进步。2008年，中国光伏电池产量占全球产量的15%；太阳能热水器总集热面积达1.2亿平方米，太阳能热水器年产能达4000万平方米，使用量和年产量均居世界总量的一半以上。

　　中国还通过植树造林、天然林保护、退耕还林还草等工程，不断增强碳汇能力。2008年，中国人工造林保存面积达到0.62亿公顷，居世界第一；全国森林面积达近2亿公顷，森林覆盖率超过20%。

　　在此基础上，2009年底中国向世界承诺，到2020年，单位国内生产总值二氧化碳排放量比2005年下降40%～45%。这些将作为约束性指标，纳入国民经济和社会发展中长期规划。

　　中国计划到2020年，非化石能源占一次能源消费的比重达到15%左右；通过植树造林和加强森林管理，森林面积比2005年增加4000万公顷、森林蓄积量比2005年增加13亿立方米。另外，中国提出的碳强度目标并不包含森林和土地利用的碳汇能力增加。

从2009年来看，中国的碳强度下降目标比任何发达国家的下降幅度都高。发达国家碳强度下降幅度大多为30%～40%，美国在32%左右，低于中国的承诺。

另外，中国的科学家又提出了2050年可再生能源发展路线图。估计到2050年，中国可再生能源有望满足全国43%的能源需求。其中，非水能可再生能源占全国能源需求的17%～34%；水能则可以提供13.2亿～21.5亿吨标准煤能量，占全国能源需求的26%～43%。

低碳中国的未来不是梦！

 ## 六、固碳释氧，我们在行动

中国在低碳发展领域的行动为世界作出了表率。

中国把应对气候变化作为国家经济社会发展的重大战略：加强对节能、可再生能源等低碳技术的研发和投入，加快建设以低碳为特征的工业、建筑和交通体系；制定配套的法律法规和标准，完善财政、税收、价格、金融等政策措施，健全管理体系和监督实施机制。

中国政府已经明确：重点发展以新能源产业为代表的新兴战略性产业。高度重视新能源产业发展；创新发展可再生能源技术、节能减排技术、清洁煤技术及核能技术；大力推进节能环保和资源循环利用。

中国森林的固碳释氧、涵养水源、保育土壤、净化大气环境、积累营养物质及生物多样性保护等生态服务功能的年价值达10万亿元。近年来，中国森林的增长抵消了亚太地区国家森林的减少。

中国增强低碳技术的自主创新能力。加强国际合作，引进、消化、吸收国外先进的低碳技术。增强全社会应对气候变化的意识，加快形成低碳生活方式和消费模式。激励企业提升国际竞争力。

中国加大低碳经济的体制机制建设。2005年，为促进可再生能源的开发利用，改善能源结构，保障能源安全，保护环境，实现经济社会的可持续发展，中国颁布了《中华人民共和国再生能源法》。

植树造林

2007年，中国修订颁布《中华人民共和国节约能源法》。该法是中国节能的基本法，它注重发挥市场机制的作用，强化政府监管；实施节约与开发并举，把节约放在首位的能源发展战略；实行节能目标责任制和节能考核评价制度；把节能目标完成情况作为对地方政府考核评价的内容。

该法明确了政府机构在节能方面的义务，要求公共机构应当厉行节约杜绝浪费，带头使用节能产品、设备，提高能源利用效率。

该法规定，房地产开发企业在销售商品房时，应当向购买人明示所售商品房屋建筑的能源消耗指标、节能措施、保温工程及保修期等信息。

该法规定国家对生产、使用推广目录的节能技术、节能产品实行税收优惠等扶持政策，例如：通过财政补贴支持节能照明器具等节能产品的推广和使用，在政府采购中优先列入取得节能产品认证的产品、设备等。

在金融方面，该法引导金融机构对节能项目的信贷加大支持力度，为符合条件的节能技术研究、节能产品生产及节能技术改造等项目提供优惠贷款；同时，推动和引导社会各方对节能的资金加大投入，加快节能技术改造。

该法实行有利于节能的价格政策，引导用能单位和个人节能；实行峰谷分时电价、季节性电价制度，鼓励电力用户合理调整用电负荷；对钢铁、有色金属、建材、化工和其他主要耗能行业的企业，分淘汰、限制、允许和鼓励的类别，实行差别电价政策。

美丽的地球家园

该法坚持节能低碳优先的技术战略，把可再生能源作为发展重点之一；借鉴世界先进技术，自主开发适合国情的设备和系统。

中国正在推进碳排放交易机制平台建设。在气候变化信息、应急策略、低碳技术投资、区域内交通优化等领域，各地政府依托平台建设实现信息共享，促进区域环境的良性互动；加强合作，形成集聚效应，实现互惠互利。

中国专家建议，以碳要素作为硬性指标，进行碳源量与碳汇量分析，使生态受益区在享受生态效益的同时卖出部分生态效益，用于生态区的补偿。

经济开发区的建设推动了中国经济的飞速发展，由此，建设低碳经济区的设想也在逐步实施：开放新的低碳经济特区，促进低碳产业的发展，鼓励低碳生产和低碳消费。

另外，到2020年，中国规划水电装机容量达3亿千瓦、风电装机容量达3000万千瓦、生物质能装机容量达3000万千瓦、沼气年利用量达到440亿立方米、太阳能发电容量达180万千瓦、太阳能热水器集热面积达3亿平方米。届时，中国可再生能源利用量将相当于6亿吨标准煤。

为了实现生态文明社会，中国正在行动。